Podcasts

Konzipieren, produzieren und vermarkten

Dirk Hildebrand

HAUFE.

Inhalt

Vorwort

Podcasts sind heute in aller Munde und in aller Ohren. Hast du dich auch schon mal gefragt, warum dieses noch junge Medium in den letzten Jahren so eine beeindruckende Erfolgsgeschichte schreiben konnte? Ein wichtiger Faktor ist sicherlich die persönliche Atmosphäre, die sich rasch einstellt – die Nähe zu den Hörer:innen, in der es sich reden lässt und in der sicher manches zutage kommt, was sonst im Verborgenen geblieben wäre. Und vielleicht ist es auch genau das, was dich überlegen lässt, selbst mit einem Podcast zu starten.

Leider geistern noch viel zu viele Irrtümer über Podcasts in der Weltgeschichte herum. Zu viele Menschen erzählen Dinge darüber, die nicht generell gelten oder die sogar schlichtweg falsch sind. In diesem TaschenGuide räume ich damit auf. Und du erfährst hier, was du alles erreichen kannst mit diesem Medium. Denn Podcasts sind voller großartiger Möglichkeiten für alle Einsatzbereiche.

Natürlich lauern auf dem Weg zum eigenen Podcast auch Fallen. Es gibt Regeln und Empfehlungen, die ohne Ausnahme gelten. Es gibt Fehler, die immer wieder gemacht werden und die viel Geld kosten. Welche das sind und wie du sie vermeidest, kannst du hier nachlesen, ebenso wie man einen Podcast auf Erfolgsspur bringt und welche Vermarktungsvarianten es gibt.

Viel Erfolg mit deinem Podcast-Projekt wünscht dir,

Dırk Hildebrand

Gut zu wissen, bevor du startest

Es gibt kaum einen Bereich, in dem sich der Einsatz von Podcasts nicht lohnen würde. Egal ob du dir damit ein Hobby schaffst, deinen Expertenstatus im Job ausbaust oder deine Produkte bekannt machen möchtest – der Podcast ist ein ideales Instrument, eigenen Content in einem professionellen Umfeld darzustellen.

In diesem Kapitel erfährst du unter anderem,

- warum Podcasts immer mehr Bedeutung erlangen,
- was ihr Vorteil gegenüber anderen Medien ist,
- was du für einen guten Podcast brauchst.

Warum Podcasts immer wichtiger werden

Podcasts erzählen Geschichten und Gedanken. Sie lassen Bilder im Kopf entstehen. Oder sie entspannen uns, indem wir einfach nur angenehmen Stimmen lauschen. All dies sind Zutaten zum Geheimrezept, das Podcast-Hörer zu Fans werden lässt. Natürlich gibt es immer noch den ein oder anderen Audiomuffel, aber mittlerweile kann man sagen, dass mehr als jeder Dritte in Deutschland Podcasts, Hörbücher oder Hörspiele hört (siehe Quellenverzeichnis, Nr. 1). Ein großes Stück vom Kuchen der Mediennutzung ist in den letzten Jahren ganz klar von den klassischen Medien in Richtung Podcasts abgewandert.

Mehr als nur ein vorübergehender Hype

Die Gründe für den beeindruckenden Erfolg sind naheliegend: Die Fans von Podcasts finden mittlerweile ein reichhaltiges Angebot zu den Themen, die sie interessieren. Sie können selbst den Zeitpunkt des Hörens bestimmen und das Abspielgerät ist in Gestalt des Smartphones sowieso jederzeit greifbar. All das unterstützt meine These, dass sich das individuelle, selbst gewählte Nutzungsverhalten von Medien, der On-Demand-Gedanke, in den kommenden Jahren mehr und mehr durchsetzen wird. Die Menschen wollen nicht mehr einfach irgendetwas hören oder sehen. Sie wollen sichergehen, dass es sie auch wirklich interessiert, sie im Leben weiterbringt und ihnen am Ende des Tages einen klaren Nutzen bringt. Diesen Trend werden neue technische Errungenschaften sicherlich in den nächsten Jahren auch weiter untermauern.

Alle Anbieter von Podcasts – die bekanntesten von ihnen sind Spotify, Apple Podcast, Amazon Music / Audible oder Deezer – arbeiten jeden Tag daran, die Nutzungsmöglichkeiten zu optimieren. Das führt dazu, dass um das Produkt »Audio-Podcast« eine immer schönere Verpackung angeboten wird. Die Menschen kommen nicht mehr daran vorbei, weil selbst die Tagesschau in der ARD zur besten Sendezeit auf ihre Podcast-Mediathek hinweist. In unserem Alltag werden wir immer wieder mit diesem Kanal konfrontiert. Irgendwann führt das bei jedem dazu, sich das neue Phänomen zumindest mal genauer anzuschauen. Irgendwann reden alle darüber, und man kann es sich nicht mehr leisten, nicht mitreden zu können.

Der technische Fortschritt der Abspielgeräte sorgt für das Übrige. So ist auf neuen Laptops mit Windows als Betriebssystem Spotify schon vorinstalliert. Auch die iPhones von Apple haben natürlich die Podcast-App aus dem eigenen Hause bereits in der Werkseinstellung hinzugefügt. Auch die immer weiter optimierte individualisierte Werbung wird ihren Teil zum Podcast-Hype beitragen, wenn der Nutzer Meldungen wie diese ausgespielt bekommt: »Du hast den Podcast XY gehört, dann wird dich vermutlich auch Z interessieren.«

Podcasts als Kundenbindungsinstrument

Nicht zu unterschätzen ist, dass auch Branchen abseits der Medienkonzerne in dem Markt mitmischen wollen. Autohersteller weltweit haben schon lange ein Auge auf die mögliche

Weiterentwicklung von Entertainment-Systemen und Navigationsgeräten in Bezug auf Audio on Demand geworfen. Kein Wunder, denn hier ergeben sich völlig neue Möglichkeiten, die Nutzer an die Marke des Fahrzeugs zu binden. Warum sollen nur Supermärkte eigene Web-Radiosender haben? Auch Autos können eine eigene benutzerdefinierte Podcast-Palette bieten. Technisch ist das ein Leichtes, da die Anbieter letzten Endes nur die sogenannten RSS-Feeds der jeweiligen Podcasts benötigen (siehe näher dazu Kap. »Das Hosting«).

Podcasts als Informationsmedium

Studien zufolge holt sich ein Großteil junger Menschen das Politikwissen von YouTube. Die Informationskanäle haben sich also im Vergleich zu den vergangenen Jahrzehnten verschoben. Und vermutlich wird es in Zukunft eine noch schnellere Verschiebung geben. Das legt nahe, dass auch das Medium »Podcast« als Tool für Bildung und Wissenschaft eine hohe Relevanz erreichen wird: So wird es vielleicht bald Podcasts statt Schulbücher geben und Studienergebnisse werden im Audiokanal präsentiert. Vielleicht gibt es auch künftig Quartalsberichte auf die Ohren.

Podcasts als individueller Reisebegleiter

Rein technisch ist es nicht besonders schwierig, Medienangebote orientiert danach auszuspielen, wo sich die Nutzer gerade befinden. So gibt es mittlerweile schon Podcasts, die einem an einem bestimmten Ort im Urlaub oder in bestimmten Regionen angeboten werden. Das ist aber erst der Anfang von einer der größtmöglichen Zukunftsentwicklungen. Auch im Konsum-Bereich schlummert hier immenses Potenzial, selbst wenn die deutschen Gesetze hohe Hürden in Bezug auf Datenschutz und Ortung aufstellen.

Podcasts als Vertriebsinstrument

Als Verkaufstool oder Pitch-Möglichkeit eignen sich Podcasts auch. Wenn man jemandem Wertschätzung entgegenbringt und eine Bühne bereitet, indem man ihn als Gast in seinen Podcast einlädt, darf man hinterher auch gerne Small-Talk zum eigenen Produkt oder zur eigenen Sache betreiben. Ich nenne das positive Manipulation, sofern es am Ende beiden Parteien etwas bringt.

Auf jeden Fall eine Prüfung wert: Lohnt sich der eigene Podcast?

All dies zeigt: Podcasts haben ein hohes Zukunftspotenzial. Jeder, der in der Öffentlichkeit steht oder stehen möchte oder seine Dienstleistungen und Produkte verkaufen möchte, sollte sich daher die Frage stellen: Können wir diesen Kanal auch für uns nutzen? Angesichts der ganzen Entwicklungen, die meiner Meinung nach erst am Anfang stehen, wäre es fahrlässig, sich diese Frage nicht zu stellen.

»Podcasts sind nichts für uns« – wirklich?

Es gibt unendlich viele Einsatzmöglichkeiten, um mit Podcasts einen Effekt zu erzielen. Wie bei so vielen Dingen im Leben schadet es nicht, wenn du dir vorher über dein Ziel oder die Vision klar wirst. Um hier aber eine Aussage treffen zu können, benötigst du Grundkenntnisse über die Einsatzmöglichkeiten.

BEISPIEL: »PODCASTS SIND NIX FÜR UNS!«

Ein mittelständisches Unternehmen aus einem ländlichen Teil Deutschlands mit mehr als 300 Mitarbeiter:innen produziert Waren für den B2B-Bereich. Der Chef des Marketingabteilung beschließt nach sehr kurzer Beratung mit seinem Team, dass Podcasts zu Marketingzwecken für die Zielgruppe ungeeignet sind. Als ich ihm über weitere Einsatzmöglichkeiten von Podcasts erzähle, wird er hellhörig und kommt doch noch einmal ordentlich ins Grübeln. An einen Podcast beispielsweise zur Mitarbeitergewinnung oder zur Darstellung der Unternehmenskultur hat er bei seinem vorschnellen Urteil nicht gedacht.

Diese Form der übereilten Ablehnung gegenüber Podcasts erlebe ich häufiger. Machen wir uns nichts vor: Jedes Projekt außerhalb der Kernkompetenz klingt erst einmal kompliziert und schreckt ab. Abgesehen davon sind wir in Bezug auf die Produktion von Podcasts sehr nah an journalistisch erarbeiteten Inhalten. Nicht jeder kann jedoch mit Journalismus oder gar Moderation etwas anfangen.

Noch ein Podcast zum Thema?

Das gern ins Feld geführte Totschlagargument, es gäbe bereits viele ähnliche Podcasts bei Spotify, Apple Podcasts, Amazon und Co., zählt meiner Meinung nach übrigens nicht. Ich glaube, dass wir Podcasts schon sehr bald einen Stellenwert zuordnen können, der z. B. vergleichbar mit einer Homepage ist. Nur weil meine Konkurrenz eine beeindruckende Online-Präsenz hat, würde ich mich doch nicht gegen eine eigene Homepage entscheiden!

Von Podcast-Laien und -Leichen

Eine Hürde ist auch der mitunter schlechte Ruf von Podcast-Angeboten, der durchaus seine Berechtigung hat. In den Anfängen des Podcast-Hypes vor einigen Jahren ist eine große Spielwiese entstanden, die nicht jeder ideal für sich nutzen konnte. Was man dazu wissen muss: Jeder kann den eigenen Podcast über ein Hosting in die gängigen Podcatcher, also Spotify, Apple Podcast, Amazon Music und Co. einpflegen – ohne Qualitätskontrolle. Dementsprechend sind viele Audiolaien mit ihren Episoden »on Air« unterwegs, obwohl der ein oder andere Profi aus der Radio- und Podcast-Szene dem Audio sicherlich den Stempel »UNSENDBAR« verpassen würde. Das ist kein kleines Problem. Ich glaube, dass das Medium bereits jetzt einen noch viel höheren Marktanteil hätte, wenn nicht so viele Podcasts eine minderwertige Qualität hätten.

Warum hört man überhaupt Podcasts?

Werfen wir einen Blick auf die Forschung zu Podcasts. Sie beschäftigt sich unter anderem mit der Frage, wie diese konsumiert werden. Hier gibt es interessante Kategorisierungen

(Quelle: »Product Research bei Media Market Insights«), die Aufschluss darüber geben, in welchen Verfassungen die Nutzer sind, wenn sie Podcasts konsumieren (siehe hierzu auch Quellen, Nr. 2).

Als Bonbon, wider die Langeweile, als Überbrückung oder als Flucht

Qualitative Analyse der Nutzungsverfassungen	
1.	**Gourmet-Verfassung**: Man konzentriert sich vollständig auf das Hören. Der Körper ist entspannt und lässt dem Geist freien Lauf.
2.	**Übergangshilfe**: Der Podcast begleitet, um einen Übergang besser zu bewältigen, so zum Beispiel den Weg von der Arbeit nach Hause.
3.	**Auslieferungs-Flucht**: Man ist einer Situation ausgeliefert und kann ihr durch das Hören entfliehen, so zum Beispiel, wenn man bei einer Behörde oder in der Arztpraxis warten muss.
4.	**Beschleunigungs-Verfassung**: Man kann unangenehme Tätigkeiten gefühlt beschleunigen, zum Beispiel das Putzen.

Diese Kategorien decken sich auch mit den verschiedenen Lebenssituationen, in denen Podcasts gehört werden. Ganz vorne auf der Liste steht das Reisen. Es gibt dabei genug Situationen, in denen visuelle Medien nicht genutzt werden können. Ein Beispiel ist das Autofahren, zumindest so lange nicht, bis sich das autonome Fahren durchgesetzt hat. Im Auto sind die Rahmenbedingungen für Podcasts ohnehin sehr günstig. Die technischen Voraussetzungen sind da: Apple Airplay oder Android Auto ermöglichen die leichte Synchronisation mit dem

Entertainmentsystem des jeweiligen Fahrzeugs. Mal ganz abgesehen davon, dass der Klang im Auto einfach eine Klasse für sich ist.

Auch beim Aufräumen und Bügeln werden Podcasts gerne gehört. Es gibt schließlich auch nichts Langweiligeres als Hausarbeit. Im Ranking danach folgt der Sport. Podcasts spielen vorwiegend im Fitnessstudio eine Rolle oder beim Laufen.

Interessant ist, dass viele Nutzer den Podcast auch zum Einschlafen oder gegen Langeweile nutzen. Das ist insofern spannend, weil man in diesen Situationen ja auch eine große Auswahl an anderen Möglichkeiten hat. Anbietern von klassischem Fernsehen außerhalb von Streaming-Angeboten sind solche Studienergebnisse ein Dorn im Auge, zeigen sie doch wieder einmal, dass das Ende der Ära der Medienmonopole bereits eingeläutet ist.

Mitreden können

Spätestens wenn am Montagmorgen im Büro die Frage kommt, ob man schon die neuen Folgen von »Gemischtes Hack«, »Fest & Flauschig« oder »Steingarts Morning Briefing« gehört hat, dann ist klar, dass der jeweilige Podcast Kultstatus erreicht hat. Und dieses Szenario spielt jetzt nicht nur in ein paar Büros in Deutschland. Es ist ein flächendeckendes Phänomen. Eine Folge zu verpassen, bedeutet nicht mitreden zu können. Dieses unangenehme Gefühl wird die Verweildauer solcher Medien immer weiter antreiben. Die Zahl derjenigen, die nur sporadisch Podcasts hören, wird sich genauso steigern, wie die derjenigen, die als Fans ein gewisses Suchtpotenzial entwickeln. Und genau das ist es, was diesen Kanal für die Konsumenten so spannend macht: Immer wieder neue Shows für die Ohren angeboten zu bekommen und dabei zu wissen, dass bereits vorhandene Formate eine sehr lange Haltbarkeit haben werden.

Warum ein Podcast auch für dein Business eine gute Idee ist

In der Regel betreiben Menschen und Organisationen einen Podcast, um in irgendeiner Form einen Erfolg daraus zu generieren. Das kann sich in den verschiedensten Varianten und auch auf unterschiedlichsten Ebenen darstellen.

Unternehmen erhoffen sich durch einen Podcast Imagegewinn. Coaches und Trainer wollen im Podcast auf ihre Produkte und Dienstleistungen wie Webinare, Einzeltrainings oder Events aufmerksam machen. Verbände oder Innungen kommen damit ihrer Pflicht nach, ihren Mitgliedern im wahrsten Sinne des Wortes ein Sprachrohr zu ermöglichen. Und wieder andere streben als Person des öffentlichen Lebens damit einfach nur nach Aufmerksamkeit und Relevanz. Ein Podcast ist für all diese und noch viel mehr Ziele eine sehr gute Idee. Nun denkst du vielleicht: »Klar, der Typ schreibt ein Buch über Podcasts ... der muss ja so etwas behaupten.«

Doch nicht nur ich, sondern auch die Fakten sprechen dafür: Wir erleben sowohl auf Seiten der Nutzer als auch auf Seiten der Podcast-Produktion seit Jahren einen sehr agilen Markt. Dazu kommt, dass große Unternehmen wie Spotify, Apple, Amazon, Google und sogar Facebook diesen Markt mit Innovationen befeuern. Immer wieder gibt es neue Podcast-Tools, immer wieder werden Suchfunktionen optimiert und an die Individualität der Hörerschaft angepasst. Man könnte fast meinen, diese »Big Player« hätten nichts anderes zu tun. In jedem Fall führt diese Entwicklung dazu, dass wir ein sehr nachhaltiges Medium erleben, welches ideale Möglichkeiten bietet, auch den eigenen Podcast einfach und zügig mit in den Hörerkreis zu werfen.

Die Strategie entscheidet über den Erfolg

Die technische Umsetzung von Podcasts ist nicht schwer. Auch sie bei Spotify und Co. unterzubringen, ist nicht weiter kompliziert. Viel schwerer, aber auch viel wichtiger ist es, sich über die eigene Strategie klarzuwerden. Es gibt eine Menge Berater:innen da draußen, die diesem Aspekt bei der Podcast-Betreuung meiner Meinung nach zu wenig Aufmerksamkeit schenken.

Abozahlen sind nicht alles

Natürlich wünscht sich jeder Tausende Hörer oder Fans, die schon sehnsüchtig auf die nächste Folge warten. In der Realität ist das jedoch ein Ruhm, der nur schwer zu erreichen ist. Viel mehr Sinn macht sowieso der Blick auf die strategische Ausrichtung in Bezug auf das, was schon da ist bzw. das, was noch kommt. Ich habe mittlerweile mehr als 500 Podcast-Projekte entwickelt, begleitet und umgesetzt. Noch nie haben es Kunden bereut, sich darauf eingelassen zu haben. Im Gegenteil, oftmals sind Dinge daraus entstanden, die so im Vorfeld niemand erahnen konnte, aber jetzt einen großen positiven Effekt bringen.

Podcasts zur Erweiterung des Netzwerks

So ist zum Beispiel der Netzwerk-Gedanke nicht zu unterschätzen. Kooperationen über die Einladung eines Interviewgastes zu einem Gespräch im eigenen Podcast anzustoßen, kann ein riesiger Multiplikator sein. Oftmals berichten mir Kunden, dass sie als Podcast-Host im eigenen Umfeld ganz anders als bisher wahrgenommen werden, weil diese Form der Medienpräsenz natürlich ideal auf die eigene Personality einzahlt. Nicht zuletzt sind Erfolge oftmals auch auf tieferen Ebenen erkennbar. Mitarbeitende empfinden ihr Unternehmen als hip, wenn es einen gut gemachten Podcast gibt.

Podcasts zur Steigerung der Conversion Rate

Und wen das alles jetzt noch nicht überzeugt hat, der sollte sich die Conversion Rate von Podcasts genauer anschauen. Studien zufolge ist jeder Zweite bereit, die Homepage, die im Podcast genannt wird, kurze Zeit später aufzurufen. Jeder Vierte ist bereit, ein Produkt zu kaufen, welches in einer Episode näher beschrieben wird. Das zeigt, wie interessant dieser Kanal insbesondere für die oben beschriebenen Business-Zwecke sein kann. Eine Garantie, dass ein Podcast automatisch für starkes Umsatzwachstum sorgt, gibt es natürlich trotzdem nicht. Erfolg ist nie monokausal, also nur auf eine Ursache zurückzuführen. Dieses Prinzip gilt auch für das Podcast-Marketing.

> Verzettele dich nicht und setze lieber auf eine Strategie. Ich habe es oft erlebt, dass zu viele Ziele in zu vielen Bereichen herbe Enttäuschungen bringen. Sind in einem Fall hohe Abonnenten-Zahlen außerhalb des Netzwerks nicht wichtig, kann in einem anderen Fall genau dies das wichtigste Kriterium sein.

Podcasts für die interne Kommunikation in Unternehmen

Intern kann ein Podcast dazu dienen, verschiedene Niederlassungen näher zusammenzubringen. Ich weiß nicht, wie du das Thema Intranet siehst. Für mich ist es oftmals ein Haufen unterschiedlichster medialer Formate mit Informationen, die weniger individuell nicht sein könnten und bei denen man auch noch das Gefühl eines leichten Zwangs seitens des Arbeitgebers im unteren Bauchbereich spürt. Zeitgemäß ist anders. Warum also nicht ein Podcast-Format launchen, an dem die unterschiedlichsten Niederlassungen beteiligt sind? Aus dem Erfahrungsaustausch und der Zusammenarbeit ergeben sich oft sehr sinnvolle Ideen, die dem Unternehmen noch mehr Erfolg bringen. Wenn man es schafft, hier Reichweite innerhalb des Unternehmens zu bekommen, hat man ein innovatives Unterhaltungsmedium geschaffen, mit dem man wichtige interne Informationen streuen kann, die dann auch wirklich gehört werden.

Podcasts für mehr regionale Sichtbarkeit

Sogar regional spielt der Podcast in letzter Zeit eine immer wichtigere Rolle. Für lokales Audio-Sponsoring gibt es zunehmend mehr und mehr Möglichkeiten und Anbieter. Die Möglichkeiten, im Social-Media-Bereich einen regionalen Fokus auf den eigenen Audio-Content zu setzen, sind bereits vorhanden. Es gibt mittlerweile Facebook-Gruppen, die eine höhere Reichweite als klassische lokale Medien haben. Hier den Podcast auszuspielen, bringt eine hohe Reichweite und Relevanz.

Podcasts für den B2B-Bereich

Selbst im B2B-Bereich können Podcasts eine gute Möglichkeit für die strategische Zusammenarbeit bieten. Sie sind nicht nur eine innovative Form, miteinander Informationen auszutauschen. Sie schaffen auch eine gewisse Nähe, die oftmals nur über den Audiokanal erzielt werden kann. Und besonders Firmen, die sonst große Probleme haben mit ihren Themen in die Öffentlichkeit zu gelangen, haben mit einem Podcast jetzt die Möglichkeit dazu. Gerade hier sollte aber ein Profi auf die Ausrichtung schauen.

Ich hoffe, du hast dich in diesen unterschiedlichen Podcast-Szenarien wiedergefunden. Doch auch wenn nicht, kannst du sicher sein, dass es für deinen Fall eine sinnvolle Herangehensweise gibt.

Erfolgsfaktor »Einzigartigkeit«

Ich werde sehr oft danach gefragt, ob

- die eigene Stimme denn wohl gut genug für einen eigenen Podcast ist oder ob
- das Thema geeignet ist, um Dutzende Episoden damit zu füllen, oder ob
- man mit einem Podcast wirklich die richtigen Menschen erreicht und damit den gewünschten Erfolg erzielt.

Ich will's mal so sagen: Wer es hinbekommt, im realen Leben Erfolg zu haben, wer noch nicht auf seine doofe Stimme angesprochen wurde, oder wer über sein Business oder seine Leidenschaft mehr als nur ein oder zwei Sätze zu sagen weiß, der wird zumindest in diesen Punkten kein Problem bekommen.

Für einen Podcast braucht es keine perfekte Stimme

Ist meine Stimme okay für einen Podcast? Diese Frage beschäftigt oftmals genau diejenigen zukünftigen Podcast-Hosts, die eine markante oder besondere Stimme haben. Doch irgendwann geht es für alle darum, das Potenzial der eigenen Stimme zu erkennen und auch entsprechend einzusetzen. Nicht direkt zu Beginn. Dann hat man andere Dinge zu klären. Wenn man aber mal ein wenig im Flow ist, kann es schon Sinn machen, ein wenig Sprechtraining zu nehmen. Bei einem professionellen Stimmcoaching gibt es häufig sehr früh große Fortschritte, die meiner Meinung nach ausreichen, um im Podcast zu performen. Natürlich kann man seine Stimme nahezu unendlich optimieren. Für den Podcast ist es jedoch viel wichtiger, eine Art Leichtigkeit an den Tag zu legen, die spürbar ist. Übrigens, weißt du, was die häufigsten Gründe für Versprecher bei Podcasts sind? Hektik, fehlende Gelassenheit und eine schlechte Vorbereitung der Episode! Äh, Öh & Co. sind eigentlich gar nicht so schlimm, schließlich haben wir den einen oder anderen dieser unangenehmen Lückenfüller ja auch im normalen Gespräch dabei. Werden sie allerdings zu häufig eingesetzt, wird es schnell nervig. Es soll schon Fußballspieler und Trainer gegeben haben, die von den Hörfunkjournalisten verflucht wurden, weil die Postproduktion des kurzen Statements oft Stunden dauerte.

Das A und O der Einzigartigkeit: Persönlichkeit und Charakter

Einzigartigkeit hat sehr viel mit deinen Geschichten und Gedanken zu tun. Einzigartig wird dein Podcast, wenn dort die Art, wie du bist, deine Persönlichkeit, dein Charakter zu hören sind. Wenn du in deinem Alltag den ein oder anderen schlechten Witz machst, dann mach ihn doch bitte in deinem Podcast auch. Wenn du eher langsam und überlegt redest, tu dir keinen Zwang an und lebe deine Überlegtheit auch im Podcast. Das lässt sich auch auf Unternehmen und andere Institutionen übertragen. Wenn ihr im Unternehmen eine bestimmte Philosophie oder ein ganz bestimmtes Wertesystem pflegt, redet darüber. Oder sorgt dafür, dass geeignete Personen darüber reden.

In Unternehmen gibt es gute Geschichten in Hülle und Fülle, die aber noch nie an die Öffentlichkeit gelangt sind. Ebenso gibt es dort herausragende Menschen, von denen aber leider niemand erfährt. Auch diese Aspekte sind gute Voraussetzungen für einen einzigartigen und erfolgversprechenden Podcast. Ein sehr erfolgreicher Bekannter hat einen Großteil seines Business auf folgender Frage aufgebaut: »Du bist gut und keiner weiß es?« Wenn man sich diese Frage stellt, ergibt sich von ganz allein die Notwendigkeit, einen eigenen Podcast zu starten. Eben weil man dort über die Dinge sprechen kann, in denen man richtig gut ist.

BEISPIEL: GEMISCHTES HACK

Ein Beispiel für einen überaus erfolgreichen Podcast, der durch die Einzigartigkeit der Protagonisten einen sicheren Platz auf der Playlist der Podcast-Nation Deutschland hat, ist »Gemischtes Hack« von dem Comedian Felix Lobrecht und dem Moderator Tommi Schmitt. Zugegebenermaßen haben sie mein Herz bzw. meine Ohren nicht im Sturm erobert. Zu sehr war ich am Anfang von der Art der Präsentation irritiert. Gibt man den beiden aber eine Chance, kommt man sehr schnell zu dem Entschluss, dass da irgendwas ist, was zum dauerhaften Zuhören verleitet. Schließlich warten in Deutschland nach eigenen Angaben 1,1 Millionen Fans wöchentlich sehnsüchtig auf eine neue Folge der beiden. Neben Alltagskuriositäten, Tiefgründigem, aber auch amüsanten planlosen Gesprächen überzeugt am Ende vor allem eines: Schmitt und Lobrecht sind einfach zwei verdammt coole Typen, die sich auch genauso darstellen können. Sie nehmen kein Blatt vor den Mund, kritisieren Politiker, Städte und Länder. Und sie nehmen sich selbst nicht zu ernst. Genau das hat dazu geführt, dass nicht nur junge Menschen zu den regelmäßigen Hörer:innen zählen, sondern auch quer durch alle Altersstufen Fans zu finden sind. Die beiden sind halt gut und jeder weiß es!

Einzigartig mit neuen Ideen

Eine gewisse Einzigartigkeit können auch kreative Ideen bringen. Das könnten beispielsweise Rubriken in einem Podcast sein, die es so nirgendwo sonst gibt. Mit »5 Fragen an ...« kommen wir da natürlich nicht weiter. Es braucht Ansätze, die auf das Konzept einzahlen und dennoch neu sind. Hilfreich und unterhaltsam können zum Beispiel private Insights des Interviewgastes sein, die natürlich vorher abgesprochen sein sollten – oder vielleicht auch gerade nicht, um zu sehen, was passiert ...

Auf der Suche nach dem Alleinstellungsmerkmal

In jedem Fall sollte der Aspekt der Einzigartigkeit ein fester Bestandteil der Podcast-Planung sein. Um ihn herauszuarbeiten, braucht es meist einige Zeit. Der Aufwand lohnt jedoch allemal, denn auch bei der Konzeption der einzelnen Podcast-Folgen hilft es ungemein, das Alleinstellungsmerkmal zu kennen. Der folgende Fragenkatalog hilft dir bei der Herausarbeitung deines Alleinstellungsmerkmals.

Was macht dich und deinen Podcast einzigartig?
1. Was macht dich als Mensch oder dein Unternehmen aus?
2. Was hast du, was bietest du an, was andere nicht haben?
3. Welche Eigenschaften willst du mit in den Podcast nehmen?
4. Welche Wirkung möchtest du beim Zuhörer auslösen?
6. Welche Personen könnten auf deine Personality einzahlen?
7. Hast du bereits Claims oder Slogans, die einzigartig sind?
8. Gibt es eine Spezialisierung, die den Unterschied ausmacht?

Konzeptionierung und Planung

Du weißt jetzt schon eine Menge mehr über Podcasts. Doch noch ist nicht die Zeit gekommen, auf den Aufnahmeknopf zu drücken. Erst geht es ans Planen und Konzeptionieren. Denn die Theorie ist mindestens genauso wichtig wie die Praxis. Die besten Stimmen der Welt vermögen es nicht, ein schlechtes Konzept zu kompensieren.

In diesem Kapitel erfährst du unter anderem,

- welche strategischen Stoßrichtungen es gibt,
- was Hörer:innen lieben – und was nicht,
- welche Tipps und Tricks dir Zeit und Geld sparen,
- was du über Technik, Cover oder Titel wissen solltest.

Die passende Strategie für jeden Podcast-Typ

Welche Strategie macht einen Podcast erfolgreich? Es gibt erfolgversprechende Herangehensweisen, die sich trotz der verschiedenen Stoßrichtungen von Podcasts gar nicht so groß unterscheiden bzw. sogar teilweise identisch sind.

Podcast-Formen

Nachfolgend stelle ich die häufigsten Formen von Podcasts dar, um im Anschluss daran die jeweilige Strategieempfehlung folgen zu lassen.

Podcast-Formen

- **Für Unternehmen:** Es gibt schon heute sehr viele Podcasts von Unternehmen, die für die interne und externe Kommunikation eingesetzt werden. Meist liegt dabei der Fokus auf der Optimierung des Images. Bisweilen aber auch auf der Darstellung unternehmensnaher Themen. Weitere Einsatzgebiete sind die Beschreibung der eigenen Arbeitskultur, die Gewinnung von neuen Fachkräften und die Aufklärung über Firmeninterna für die Belegschaft oder Business-Partner.

- **Für Einzelpersonen im Businesskontext**: Egal ob Steuerkanzlei, Arztpraxis oder landwirtschaftlicher Betrieb, die wohl häufigste Form von Podcasts ist an Einzelpersonen im beruflichen Kontext gerichtet. Ziel ist es, Content zu erstellen, der die Bekanntheit der Person oder des Unternehmens steigern soll. Längst hat sich bei den Marketingprofis durchgesetzt, dass sich Wissen nicht gänzlich hinter einer Bezahlschranke verbergen lässt. Über Podcasts Häppchen der Expertise zu verteilen, ist eine besonders vielversprechende Variante, den eigenen Expertenstatus werbewirksam auszubauen.

Podcast-Formen

- **Für Buchverlage, Vereine oder Verbände:** Hier gelten ähnliche Einsatzgebiete wie bei Unternehmen. Buchverlage nutzen den Autorencontent, um ihn in einem Podcast als Alternative zum klassischen Hörbuch zweitzuverwerten. Vereine und Verbände nutzen den Audio-Kanal, um wichtige Themen zu platzieren, aber auch um damit ihren Mitgliedern ein Forum für ihre Präsentation und Eigenvermarktung zu geben.

- **Spezialisten aus dem Bereich Training, Consulting und Coaching:** Der Trend der sogenannten Educasts hält an. Hier geht es um Wissensvermittlung in den verschiedensten Bereichen. Es gibt zum Beispiel Podcasts zur Persönlichkeitsentwicklung, Transformation oder Kommunikation. Der Markt wächst rapide. Mittlerweile existiert hier bereits ein großes Angebot.

- **Personen der Öffentlichkeit:** Sie haben bei der Jagd auf Abonnenten meistens leichtes Spiel, weil sie schon über eine große Fangemeinde verfügen, die sie zunächst einfach nur transferieren müssen. Ab einer gewissen Bekanntheit wird jeder Kanal genutzt. Im Podcast wird häufig auf Events oder Konzerte aufmerksam gemacht, um den Ticketverkauf zu steigern. Nicht selten können auch C-Promis ihre Fanreichweite mit Podcasts steigern.

- **Non-Profit-Organisationen:** Auch für Organisationen, die nicht wirtschaftlich orientiert sind, kann der Podcast ein probates Mittel sein, über sich und den Einsatz von Spendengeldern zu erzählen. In der Regel steigern diese Aktivitäten das Vertrauen in die Organisationen, was wiederum zu einer Steigerung der Spendensummen führen kann.

In all diesen Fällen ist der Podcast in erster Linie eine zusätzliche Möglichkeit, um auf sich aufmerksam zu machen. Noch dazu eine sehr schnell zu realisierende, da es, anders als z. B. bei Apps, keine Kontroll- und Qualitätshürden seitens der Podcast-Bibliotheken gibt und die Umsetzung einfach ist, weil sie keine großen technischen Voraussetzungen erfordert.

Strategie für Unternehmen

Vor allem für Unternehmen liegt bei der Strategiefindung der Fokus auf der Zielgruppe. Schließlich ist diese später entscheidend für den Erfolg des Podcasts und auch den Eintritt der mit ihm erhofften positiven Effekte.

BEISPIEL: »WIR KÖNNEN DAS RAD JA JETZT NICHT NEU ERFINDEN!«

Zu Besuch bei einem Laufschuhhersteller. Dessen Zielgruppe ist klar definiert: regelmäßig Laufwillige. Mein Vorschlag für einen Podcast: Wir müssen versuchen, diesen Menschen Themen zu präsentieren, die sie vor allem während des Laufens interessieren. (Kleiner Hinweis: Podcasts werden statistisch gesehen sehr häufig beim Sport gehört.) Die Marketing-Chefin des Konzerns antwortet auf meine Idee stichelnd und nur mäßig begeistert: »Wir können da ja jetzt nicht das Rad neu erfinden.« Meine Antwort: »Und wenn wir es versuchen? Laufsportler vergleichen sich untereinander nicht nur gerne. Sie interessieren sich oftmals auch für Gleichgesinnte und deren Vorlieben, Trainingsmethoden oder Lebensweisen. Es steht also nicht das Laufen im Vordergrund, sondern der Mensch in den Laufschuhen und seine Geschichten oder sogar Geheimnisse.« Nach dieser Erläuterung wurde es in dem großen Konferenzraum ganz still. Was folgte, war ein wahres Ideenfeuerwerk für Themen und ein sehr kurzfristiger Zeitplan für die Umsetzung.

Dieses Beispiel zeigt deutlich, wie ein Unternehmen einen gebrandeten Podcast auf den Weg bringen kann. Eine mögliche Variante dazu wäre es gewesen, sich auf die Suche nach einem geeigneten Podcast-Host zu machen, diesen zu engagieren und ihn über die Laufschuhe einer ganz bestimmten Marke sprechen zu lassen.

Strategie für Einzelpersonen im Business-Kontext

Auch für Einzelpersonen im Business-Kontext war ich sehr häufig als Berater tätig. Hier ist die Konzeptionierung häufig ziemlich einfach, weil Vieles schon da ist. Genug zu erzählen? »Kein Problem!« Produkte für die Platzierung? »Habe ich!« Einen qualitativen Auftritt als Personality? »Gerade habe ich meinen Expertenstatus aktualisiert!«

Strategisch geht es hier dann meistens darum zu definieren, welche Produkte und Dienstleistungen im Podcast platziert werden sollen, welche Social-Media-Kanäle wann genau befeuert werden müssen und wie man zum Beispiel mit Interviewgästen die Reichweite steigern kann.

In diesem Bereich wird der Podcast sogar häufig auch als Verkaufsinstrument genutzt. Es ist nämlich einfacher, einen potenziellen Käufer als Gast in den Podcast einzuladen, als bei ihm einen Termin für eine Produktvorstellung zu ergattern.

Strategie für Buchverlage

Was liegt näher, als dass Buchverlage ihre Produkte in einen weiteren Kanal bringen? Ein Buch als Hörbuch oder Podcast zusammenzufassen, ist kein Hexenwerk. Es gibt Anbieter, die das übernehmen, teilweise sogar kostenlos. Zahlreiche Verleger haben mittlerweile ihren eigenen Podcast, in dem sie Autor:innen und neue Buchtitel vorstellen.

Strategien für Vereine und Verbände

Vereine und Verbände müssen stetig um Mitglieder und auch Sponsoren werben. Das gilt für einen Fußballverein in der Bundesliga genauso wie für einen kleinen Sportverein. Ein Podcast kann Mitglieder informieren und für Imagepflege sorgen und gleichzeitig neue mögliche Mitglieder auf den Verband oder Verein aufmerksam machen.

Strategien für Trainer, Consultants und Coaches

Keine Personengruppe hat das Podcast-Angebot so geprägt wie die Spezialisten aus dem Bereich Training, Consulting und Coaching. Es gibt einige von ihnen, die behaupten, mit ihrem Podcast Millionäre geworden zu sein. Nicht weil sie den Podcast hinter eine Bezahlschranke platziert haben. Nein! Sie haben darüber ihre Dienstleistungen und Produkte verkauft, die durchaus im Hochpreis-Segment zu finden sind. Ob ihre Behauptung stimmt, sei dahingestellt. Zumindest wird daraus die Stoßrichtung klar: Es geht darum, den Hörern die eigene Angebotspalette möglichst unterhaltsam nahe zu bringen.

Der Bedarf danach ist durchaus groß. Im deutschen Sprachraum beschäftigen sich viele Menschen aktuell mit ihrem Leben. Selbstreflexion, aber auch Persönlichkeitsentwicklung sind en vogue. Viele streben danach, erfolgreicher mit den Hürden des Berufs- und Privatlebens umzugehen. Und da gibt es sehr viele Trainer und Coaches, die genau diesen Trend bedienen. Im Podcast-Markt hat sich für dieses Genre der Begriff der Educasts durchgesetzt.

Für die Berufsgruppe der Trainer, Coaches und Consultants ist dieses Medium wie gemacht. Es ist ideal, um Angebote zu platzieren, und davon haben Trainer und Coaches oftmals viele. Ein Educast lässt sich hervorragend und sehr erfolgreich mit Webinar- oder Eventangeboten verknüpfen.

Strategien für Prominente

»Die erste Million ist die schwerste! Danach wird es leichter, sein Vermögen zu maximieren.« Ich fand dieses offenbar zutreffende Ökonomiegesetz immer schon unfair und befürchte, dass es in Bezug auf die Abonnenten-Zahlen von Podcasts ebenfalls zutrifft. Steht jemand bereits in der Öffentlichkeit als Comedian, Musiker, Autor oder Fernsehstar, hat er es es deutlich einfacher, eine große Zahl an Fans auch auf seinem Podcast-Kanal zu erreichen. Er nutzt seine Bekanntheit, um die Fans aus seinem Netzwerk für seinen Podcast-Kanal zu gewinnen. Ich überlasse dir die Entscheidung, ob du das jetzt auch unfair findest.

In jedem Fall erobern Prominente oftmals im Sturm die Podcast-Charts der unterschiedlichsten Anbieter. Das führt dazu, dass noch mehr Menschen auf den Podcast aufmerksam werden, was wiederum für noch mehr Abonnenten sorgt. Eine Glücksspirale sozusagen.

BEISPIEL: FEST & FLAUSCHIG

Jan Böhmermann zeigt, wie großartig das funktionieren kann. Der Erdogan-Kritiker hat es mit seinem Podcast »Fest & Flauschig« zusammen mit Singer-Songwriter, Schauspieler und Moderator Olli Schulz auf den Podcast-Olymp geschafft. Dieser Podcast ist nicht nur einer der erfolgreichsten, sondern hat auch den gesamten Markt geprägt. Nicht umsonst steht »Fest & Flauschig« exklusiv bei Spotify unter Vertrag und erreicht jede Woche Hunderttausende Zuhörer.

Auf den Podcast-Kanälen findet auch Cross-Selling statt. So werden dort häufig Tickets für Konzerte oder Events angepriesen oder Merchandising-Produkte. So mancher Fan ist bereit, eine Tasse zu kaufen, nur weil der Titel des Podcasts darauf steht. Ist ja auch nicht schlimm, so ein bisschen bekloppt sind wir doch alle.

Strategien für Non-Profit-Organisationen

Für Non-Profit-Organisationen ist es sehr schwer, gute Marketingtools zu finden. Mal ganz unabhängig davon, dass Ausgaben dafür gut begründet sein müssen, machen sie meiner Meinung nach auch nur wenig Sinn. Das Fernsehen ist immer noch der beste Kanal, um Menschen für die gute Sache zu gewinnen und zum Spenden zu überzeugen. Doch auch Podcasts könnten hier in Zukunft eine größere Rolle spielen, vor allem, wenn sie von persönlichen Schicksalen erzählen oder Identifikation mit dem guten Zweck schaffen. Schließlich möchte man doch am liebsten für Dinge spenden, die einem selbst widerfahren sind oder die einen besonders berühren.

Der grob unterschätzte Unterhaltungsfaktor

Es gibt verschiedene Gründe, warum Hörer:innen einen Podcast gut finden. In erster Linie hat das natürlich mit den Hosts zu tun, das ist klar. Aber vor allem hat es etwas damit zu tun, wie sich diese Hosts geben.

Unterhaltung spielt dabei eine große Rolle. Ich glaube, dass viele diesen Aspekt aus den Augen verlieren, weil sie denken, sie müssten Wissen mithilfe vieler Zahlen, langweiliger Studien und langatmiger Erklärungen vermitteln. Das ist meiner Meinung nach ein Trugschluss. Ein Großteil der Hörer:innen schaltet aufgrund des Unterhaltungsfaktors ein. Laut einer Statista-Umfrage aus dem Jahr 2021 geben 35 Prozent an, Podcasts anzuhören, weil sie unterhalten werden wollen.

Ich bin überzeugt davon, dass alle Menschen unterhalten werden wollen, so auch solche in hohen Führungspositionen oder vielleicht sogar Prominente, genauso wie Computer-Nerds oder Buchhalter. Wenn das zum Beispiel die Zielgruppe für deinen Podcast wäre, dann ist diese Information nicht ganz uninteressant.

BEISPIEL: DAS LANGWEILIGE LEBEN DES CEO

Ich erinnere mich sehr gut an einen Abend in Hannover, in den ich aufgrund meiner beruflichen Tätigkeit so reingerutscht bin. Ursprünglich sollte ich mit dem Mikrofon einfach nur einige O-Töne des CEO eines großen DAX-Konzerns aufzeichnen. Der gute Mann sollte einen Preis bekommen und ich war für die mediale Begleitung zuständig. Der Job an sich war dabei nicht das Interessanteste an diesem Abend. Glauben Sie mir, wenn man so viele Interviews geführt hat wie ich, hören sich Antworten sehr oft gleich an.

Man trifft selten Menschen, die ihren Antworten eine besondere Note verleihen können oder wollen.

Nach dem Interview war ein 5-Gänge-Menü geplant mit allem, was dazu gehört. Rechts und links vom Teller reichlich Besteck, wie es sich für ein vornehmes Essen geziemt. Sehr schnell entstand eine steife und gleichzeitig angespannte Stimmung. Wer mich kennt, weiß, dass ich mit solchen Situationen ein Problem habe. Ich bin fest davon überzeugt, dass das Leben in erster Linie dafür da ist, Spaß zu haben.

Kleine, ultrascharfe Chilifäden auf nichtssagend schmeckenden Salaten, die hustende Menschen mit hochroten Gesichtern verursachen, gehören für mich nicht zur Definition von Spaß. Als ich die Daseinsberechtigung der Chilifäden laut infrage stellte, entstand eine unangenehme Gesprächspause am Tisch.

Aber jetzt rate mal, wer diese Pause damals beendete! Der Mann, dem den ganzen Abend Honig ums Maul geschmiert wurde. Der CEO teilte mir am Ende des Abends mit, dass genau meine lockere Art ihm den Abend gerettet hätte. Nach dem Chilifäden-Exkurs entspann sich nämlich endlich ein angenehmes Gespräch in entspannter Atmosphäre.

Warum ich dir diese Geschichte erzähle? Ein Großteil der Tischrunde damals hatte für sich die Entscheidung getroffen, den CEO des DAX-Konzerns mit Samthänden anzufassen, ihm bloß nicht zu widersprechen und ihm eine Bühne zu bereiten – ohne zu überlegen, ob der gute Mann das überhaupt wollte oder ob er sich vielleicht nur daran gewöhnt hat, gottähnlich behandelt zu werden.

Am Ende wäre es ohne die Chili-Geschichte für ihn wieder nur ein weiterer normaler Abend geworden. Klar müssen wir diesem Mann Respekt für seine Leistungen entgegenbringen, aber heißt das auch gleichzeitig, dass damit eine gewisse Leichtigkeit flöten gehen muss?

Und genauso ist es bei den Hörer:innen eines Podcasts. Ich kann mir keine Zielgruppe vorstellen, die nicht unterhalten werden und Informationen nicht mit Spaß aufnehmen möchte.

> Der Unterhaltungsfaktor ist einer der wichtigsten Erfolgsfaktoren für Podcasts, für Shows an sich, aber auch für die gesamte Medienlandschaft. Egal um welche Einsatzmöglichkeit es sich handelt, verliere diesen Aspekt nie aus den Augen, sonst wirst du schnell die Lust verlieren, weil es zu wenig Menschen gibt, die bereit sind dir zuzuhören.

Gegenüber dem Unterhaltungsfaktor verliert der Aspekt der Individualität gerade ordentlich an Wert. Hörer:innen haben sich bereits daran gewöhnt, eine große individuelle Auswahl in der jeweiligen Podcast-Bibliothek zu haben. Sie sind schon einen Schritt weiter. Die Qualität muss stimmen und damit der Unterhaltungsfaktor

Das Unterhaltungsfaktor-Prinzip gilt übrigens universell, auch bei sensiblen Themen wie zum Beispiel der Gesundheit.

BEISPIEL: UNTERHALTSAME ÄRZT:INNEN – EIN TRAUM!

Wenn ich einen Arzt vor mir habe, der vor Selbstvertrauen und Erfahrung nur so strotzt und gleichzeitig eine amüsante Art an sich hat, fühle ich mich doch auch bei ihm gut aufgehoben. Niemand würde sagen: »Hilfe, der Arzt hat einen Spaß gemacht, ich möchte bitte einen anderen!« Die Krankheit habe ich doch sowieso. Gibt es irgendeine Situation, in der mir ein emotionsloser, Fakten schildernder Arzt weiterhilft? Am Ende kann diese Form der Leichtigkeit Patienten sogar ein richtig gutes Gefühl vermitteln und ihnen Stress nehmen.

Dieses Beispiel lässt sich auf viele andere Themen übertragen, so zum Beispiel auf Religion, Politik, Integration oder Schule.

Wenn mein Sohn mal begeistert von der Schule erzählt, hat das in der Regel mit einem lässigen Lehrer oder einer besonderen Lehrerin zu tun, der oder die den Lernstoff unterhaltsam vermittelt.

Also: Egal mit welcher Intention deine Fans den Podcast hören, selbst wenn sie nur die Fakten zu einem gewissen Thema hören wollen, unterhalte sie.

Hier gibt es passend zum Thema eine Hörprobe mit dem Titel »Was haben Sie heute auf Ihrem Brötchen? Interviewtipps & Co.«:

Kreativität: der Schlüssel zu guter Unterhaltung

Ein wichtiger Schlüssel zu unterhaltsamen Inhalten ist Kreativität. Auch wenn ich das selbst nicht so nachvollziehen kann, sagt man mir nach, dass der liebe Gott meine Kreativitätsschublade offenbar gut gefüllt hat. Was das mit Unterhaltung in einem Podcast zu tun hat? Das verrate ich dir: Jeder sollte Kreativität einsetzen, um bei seinen Fans das Überraschungspotenzial auszuschöpfen. Das kann in Form von Geschichten, Ansichten oder Gedanken geschehen, die bisher noch nicht bekannt waren. Aber nicht nur inhaltlich kannst du auf die Suche nach diesen Bindungselementen gehen. Ein sehr ungewöhnlicher Interviewgast, mit dem zunächst keiner etwas anfangen kann, kann sich am Ende als sehr unterhaltend herausstellen. Insbesondere dann, wenn er oder sie auf den ersten Blick gar nichts mit dem Thema zu tun hat.

Denke lieber ungewöhnlich

Überhaupt ist eine völlig andere thematische Herangehensweise zu empfehlen. Im Radio war es in früheren Zeiten nicht so wichtig, ob es die gleiche Aktion schon vor ein paar Jahren gab. Gewinnspielmodus, Sendestunden oder Musikauswahl? Brauchen wir nicht zu ändern, das hat doch schon immer so funktioniert! Bei Podcasts dagegen ist eine solche Denkweise problematisch.

Ich selbst bewege mich manchmal, genau wie jeder andere, in meinem altvertrauten Tunnel an Gewohnheiten. Weil man sich schon so viele Jahre mit dem gleichen Thema beschäftigt, verengen sich der Blickwinkel und das Denken. Es ist dann natürlich viel schwieriger, mit freiem Kopf an eine neue Sache zu gehen.

Oftmals glauben Menschen, die zu mir kommen, dass ihre Idee für einen neuen Podcast einzigartig ist. Doch in der Regel stellt sich diese Annahme als falsch heraus. Oft gibt es viel mehr solcher Podcast-Angebote, als man glaubt. Das sollte einen aber nicht abschrecken, sondern eher motivieren, in Sachen Kreativität und Unterhaltung richtig Gas zu geben.

Manchmal hilft es schon, kreativ in Details zu sein. Zeichne deinen Podcast doch einfach an einem ungewöhnlichen Ort auf.

Du wirst sehen, allein das macht etwas mit dem Thema und mit dir.

Mit fällt es leicht, in einem Podcast eine ungewöhnliche Wendung zu provozieren, wenn ich mal einen Gast bei mir habe. Mir fällt es auch leicht, aufbauende Fragen zu stellen, die ein neues weiteres Detail der Geschichte lüften. Und mir fällt es leicht, gleichzeitig meinem Interviewgast zuzuhören und eine neue Frage im Kopf vorzubereiten. Alles das sind Fähigkeiten, die einer Podcast-Episode eine ordentliche Prise Unterhaltung bringen. Und das Gute ist: Man kann sie sich aneignen.

Dazu ist es wichtig, sich auf die Dinge zu fokussieren, die man in einer Suchmaschine nicht findet. Es gibt immer eine ungewöhnliche Frage, die so noch nicht gestellt wurde, die interessante Antworten hervorruft. Davon bin ich fest überzeugt. Das ist alles eine Sache der Vorbereitung oder eben eine Gabe. Wenn man diese Gabe nicht hat, muss man einfach mehr Hausaufgaben machen. Dann gelingt es.

Ich will Spaß! Deine Hörer:innen auch

Auf Wikipedia wird Unterhaltung etwas trocken definiert als eine »kulturelle Aktivität mit dem Ziel, einem Publikum Freude zu bereiten«. Es gibt weltweit ganze Wirtschaftszweige, die sich allein mit der Vermittlung von Freude beschäftigen. Mach es ihnen nach und lass dich vom gleichen Ziel leiten: Verschaff deinem Publikum Spaß und Freude.

Eine Grundvoraussetzung, um das Gefühl des gerne Hörens zu vermitteln, ist, selbst Spaß an der Aufzeichnung zu haben. Man hört es sofort, wenn Podcast-Hosts nicht locker sind. Für mich zählt eine hörbare lächelnde Art vor dem Mikrofon mit zu den Basics für ein gelungene Präsentation. Auch der Interviewgast fühlt sich direkt sehr wohl, wenn der Host mit einem Lächeln einsteigt bzw. sein Gegenüber mit Freude auf die Reise nimmt.

Kreativität hilft auch hier. Man freut sich nämlich viel mehr auf die Episode, wenn man schon weiß, dass man heute eine Rubrik setzt, die etwas Besonderes ist. Und den Hörer:innen wird es am Ende genauso gehen. Falls die kreative Idee mal fehlt, dann raus aus der gewohnten Umgebung! Draußen in der Natur kommen einem doch immer die besten Ideen. Manchmal natürlich auch auf der Toilette. Das hört sich in der Außendarstellung aber nicht so elegant an. Bleiben wir daher doch einfach bei der Natur-Variante.

Der Stein in der Brandung
Ein weiterer Schlüssel für gute Unterhaltung? Vor dem Mikrofon gelassen und natürlich wirken. Performen kann nur, wer in sich ruht! Ich weiß, das klingt wie eine Weisheit von Konfuzius, zumal auch in Asien Podcasts großen Erfolg haben, am Ende ist es aber genau das Geheimrezept.

Kritisch sein – vor allem dir selbst gegenüber
Auch Selbstkritik ist ein wichtiges Gut. Normalerweise bin ich ein Fan davon, mich über meine eigenen Witze kaputt zu lachen, auch wenn alle um mich herum sie nur mäßig witzig

finden. Für mich zählt jeder glückliche oder lustige Moment im Leben, auch wenn nur ich ihn nachvollziehen kann. Im Podcast ist das allerdings etwas anderes. Hier muss man Menschen davon überzeugen, dass man etwas auf dem Kasten hat. Mit einem seichten Witz solltest du deswegen noch einige Episoden warten.

Hinterfrag dich ab und zu und bleib kritisch: Was mache ich hier eigentlich und will mein Publikum das wohl hören?

Das Personality-Phänomen

Es gab mal eine Zeit, als wir morgens ins Auto gestiegen sind und uns schon auf die Moderierenden des Lieblingsradiosenders gefreut haben. Meistens waren es eine Frau und ein Mann, die uns jeden Morgen gut gelaunt den Start in den Tag versüßt haben. Auch wenn man diese Personen gar nicht persönlich kannte, gab es eine gewisse Vertrautheit zwischen den beiden und einem selbst. Man hatte das Gefühl, die Menschen hinter den Mikrofonen schon lange zu kennen.

Dieses Phänomen empfinde ich auch in Bezug auf Podcasts als essenziell. Unterschätz den Personality-Faktor niemals. Egal in welchem Einsatzgebiet und zu welchem Zweck der Podcast eingesetzt wird – geh immer auf die Suche nach einer passenden Besetzung für den Podcast. Wir wollen von Menschen lernen, kaufen oder informiert werden, und umso besser wir sie kennen und je mehr wir sie schätzen, desto intensiver hören wir zu.

Jeder kennt das doch aus seinem Bekanntenkreis. Es gibt Menschen, denen hört man einfach gerne zu. Oftmals hat es etwas damit zu tun, dass man den- oder diejenige einfach gerne hat oder mit ihr oder ihm schon sehr viel erlebt hat. Ich bin kein Psychologe, aber ich könnte mir vorstellen, dass es eine wesentliche Rolle spielt, ob uns die Hosts sympathisch sind oder wir Parallelen zu unserem Leben ziehen können.

Vertrautheit und Authentizität schaffen Bindung

Kommen wir jetzt zu einem Thema, das sehr kontrovers diskutiert wird: Menschen hinter Mikrofonen spielen manchmal nur eine Rolle. In der Regel gibt es, so zum Beispiel beim Radio, Vorgaben, wie sie sich zu verhalten haben, damit sie ins Senderkonzept passen. Ich habe im Lauf meiner Karriere häufiger den Satz gehört: »Auch wenn du im normalen Leben so bist, auf der Antenne geht das gar nicht!«

Das ist auch der Grund, warum ich Podcasts so liebe. Hier gibt es solche Vorgaben nicht. Und ich kann Unternehmen und anderen Institutionen nur dringend davon abraten, diesen Weg beim eigenen Podcast zu gehen. Das Formatradio heutiger Zeit zeigt uns doch nur zu deutlich, wie Evolution scheitert wegen etablierter Sendestunden, Trendvermutungen und fehlender Hörerbefragungen. Individualität und Vielfalt gehen verloren. Sind das aber nicht genau diejenigen Werte, die heute so vehement verteidigt werden?

Ich bin der Meinung, dass ein Podcast ohne Personality nicht funktionieren kann. Wann immer unterschiedliche Menschen sich in einer Interviewsituation für eine bestimmte Firma einen Fragenkatalog mit passenden, glatten Antworten um die Ohren hauen, ist das in der Regel nicht hörenswert. Jeder möchte die Menschen hinter den Mikrofonen genauer kennenlernen. Vertrautheit schafft Bindung und die braucht es wiederum, um etwas mit den Hörer:innen zu erreichen.

DREI ERFOLGSBEISPIELE

Ich hatte in meiner bisherigen Karriere als Berater drei Podcast-Projekte, die sprichwörtlich durch die Decke gegangen sind: den einer jungen Dame, die in Sachen Kindererziehung und Schule neue Maßstäbe setzt, sowie den Podcast eines Tatortreinigers und eines Vertriebsanalysten.

Alle drei hatten das Gesamtpaket zu bieten: ein tolles Thema, die Leidenschaft darüber zu sprechen, und den Ehrgeiz, daraus etwas Großes zu machen. Die Abonnenten-Zahlen sind bei allen dreien fünfstellig. Was aber noch viel wichtiger ist: Ihr Business wurde durch den Podcast immens angekurbelt.

Ich weiß nicht, in welchem Jahr du geboren bist, aber für mich waren Thomas Gottschalk, Ray Cokes von MTV, Uli Potofski und Jürgen von der Lippe einfach nur Helden. Die Sendungen habe ich damals hauptsächlich wegen dieser Menschen geschaut.

Feinjustieren geht auch später noch

Ich glaube, wir müssen hier auch deutlich unterscheiden, in welcher Phase eines Podcast wir uns befinden. Steht der Start an und sind wir auf der Suche nach der passenden Besetzung, geht es sicher darum, zunächst als »höhere Instanz« nicht allzu viel Einfluss zu nehmen. Bei einem Individualpodcast würde ich mir am Anfang erst einmal keine Gedanken machen, ob eine gewisse Art von dir gut oder schlecht ankommt.

Später kann man aber durchaus mal einen genaueren Blick werfen, um herauszufinden, was die Zielgruppe großartig findet, und darauf den Fokus zu legen.

Wir Menschen entwickeln uns sowieso ständig weiter, wenn wir für Anregungen von außen offen sind. Ich persönlich freue mich über konstruktive Kritik von Hörer:innen sehr. Rezensionen sind doch eine gute Sache, selbst wenn es mal nur einen Stern bei Apple Podcasts gibt. Ich liebe es, mit einer gewissen Selbstironie genau darüber in meinen Social-Media-Kanälen zu diskutieren.

Der Titel und das Coverbild

Es gibt zwei weitere Faktoren, die ich aus den verschiedensten Gründen als ganz entscheidend für den Erfolg eines Podcast-Projekts ansehe: den Titel und das Coverbild. Sie haben nämlich ganz wesentlichen Einfluss auf die Reichweite und auch auf das Image und die allgemeine Außenwirkung des Podcasts.

Es ist wie bei einem Elevator Pitch. Diese Art der Kurzpräsentation ist dir vielleicht in deinem Berufsleben schon mal begegnet. Falls nicht, hier eine kurze Erklärung: Stell dir vor, du triffst deinen Chef im Fahrstuhl und ihr fahrt gemeinsam in ein oberes

Stockwerk. Du hast nur diese paar Minuten, die die Fahrt dauert, um ihn von einer neuen Idee oder deiner Beförderung zu überzeugen. Deine Präsentation muss also nicht nur kurz sein, sondern obendrein auch noch sitzen.

Es gibt mittlerweile eine Vielzahl an Podcasts auf dem Markt. Alleine in Deutschland sind es mehr als 14.000 zu den verschiedensten Themen und Herangehensweisen (siehe Quellen, Nr. 3). Angesichts dieser Vielfalt gilt es wie bei einem Elevator Pitch hervorzustechen und in kürzester Zeit zu überzeugen.

Der entscheidende Moment

Podcast-Nutzer suchen in der Regel in einem Podcatcher wie Spotify, Apple Podcasts oder Deezer nach einem Schlagwort, das sie eben gerade interessiert. Ist der Begriff bei einem Podcast hinterlegt, wird dieser als Suchergebnis angezeigt. Häufig bekommt der Suchende eine ganze Reihe von Ergebnissen auf mehreren Seiten zum Weiterklicken. In jedem Programm wird diese Übersicht anders dargestellt. Mal sieht man nur das Coverbild und den Titel, mal sieht man auch noch den Untertitel und ab und zu noch die ersten Zeilen aus der Podcast-Beschreibung. Fakt ist, dass du genau in diesem Moment bei den Nutzer:innen für Aufmerksamkeit sorgen und dich gegen eine Menge anderer Angebote durchsetzen musst. Ich glaube, dass hier das Coverbild und der kreative Titel den Ausschlag geben, sich für ein erstes Probehören zu entscheiden.

Auf der Suche nach dem richtigen Titel

Ich bin ein Fan von kurzen und knackigen Titeln, die nicht direkt verraten, worum es im Podcast geht. Bei Hörer:innen gerne gesehen ist das Spielen mit zwei Begrifflichkeiten wie z. B. »Fest & Flauschig« oder »Gemischtes Hack«. Manchmal ist es auch nur ein Begriff wie »Morgenbriefing«, »Podkinski« oder »Herrengedeck«.

Dass der Titel möglichst kurz sein soll, hat etwas mit der Präsentation in den Podcast-Bibliotheken zu tun. Meist ist in der Übersicht der Podcasts oder auch in der Darstellung des eigentlichen Podcast nur Platz für wenige Informationen. Bei den meisten Podcast-Bibliotheken liegt der Fokus eher auf einem schönen Coverbild mit farblich angepasstem Hintergrund. Schließlich muss die App für den Nutzer gut aussehen.

Aus meiner Erfahrung heraus weiß ich, dass die Suche nach einem passenden Titel teilweise elendig lang werden kann. Schließlich soll er nicht nur bei den Nutzer:innen direkt von Beginn an Eindruck hinterlassen, sondern auch kreativ, individuell und passend zum Anbieter sein.

Und nicht nur das. Ich empfehle dir, einen Titel zu suchen, der im Idealfall für alle anderen keinen Sinn ergibt. »Podkinski«, der Podcast-Titel der Schauspielerin Palina Rojinski, ist ein sehr gutes Beispiel dafür. Mal fernab davon, dass es keinen Sinn machte, den Titel einfach zu kopieren, passt er aber sehr wahrscheinlich auch zu keinem anderen Podcast-Projekt. Und das ist wichtig, um sich gar nicht erst mit Ideendieben beschäftigen zu müssen. Der rechtliche Schutz von Wortmarken steckt bei Podcasts aktuell meiner Meinung nach noch in den Kinderschuhen. Es gibt zwar eine spezielle Markenklassifikation für Podcasts, aber die Definition ist zumindest in meinen Augen sehr schwammig und damit auslegungsbedürftig dargestellt.

Für Unternehmen macht es Sinn, sich bei der Titelfindung mit den bereits eingetragenen Marken, so zum Beispiel für die eigenen Produkte, zu beschäftigen. Vielleicht lässt sich hieraus ein großartiger Podcast-Titel erarbeiten, der dann sogar vom markenrechtlichen Schutz mitumfasst ist.

Doch lassen wir das juristische Minenfeld hinter uns und kommen wieder zum kreativen Prozess der Titelfindung. Hier lohnt es sich, sich mit den Gedanken und Gefühlen zu beschäftigen, die Menschen haben, wenn sie mit dem jeweiligen Podcast-Thema konfrontiert werden.

BEISPIEL: DER TITEL FÜR EINEN BAUMARKT-BLOG

Die Marketingabteilung eines Baumarkts hat sich zu einem Podcast entschieden. Auf der Suche nach dem Titel eröffnen sich jetzt jede Menge Möglichkeiten: Man kann sich am Namen des Baumarktes orientieren – oder man denkt darüber nach, warum Menschen in den Baumarkt gehen. Das tun sie vorwiegend samstags. Sie kaufen dort Dinge, mit denen sie etwas für das eigene Heim oder für den Garten gestalten können: ein Hochbeet für die Terrasse, Tapeten für die Wohnung oder eine neue Gartenhütte. Im Grunde wollen sie etwas erschaffen. Sie wollen bauen, pflanzen oder pflegen. Und genau mit diesen Motiven oder Gedanken der Baumarktbesucher würde ich mich bei der Titelfindung beschäftigen. Ich weiß nicht, wie es dir geht, aber wenn ich als handwerklich nicht so versierter Typ mal etwas selbst gebaut habe, ist der tollste Moment, am Ende darauf zu schauen und zu sehen, dass man das mit seinen eigenen Händen selbst erschaffen hat. Vielleicht wäre deswegen der Titel »Aus eigener Hand« ganz schön? Oder man macht den »Wohl tätig«-Podcast. Es ist Geschmackssache, ob man ein normalerweise anders verwendetes Wort kreativ umgestalten möchte. Wie wäre es mit »Stolz und Formurteil«? Auch wenn dieser Titel vermutlich nicht in die enge Wahl kommt, zeigt er doch deutlich, wie man denken muss, um letztendlich eine beachtenswerte Bezeichnung für den Podcast zu finden. Nämlich bitte nicht in Grenzen, sondern in jedem Fall außerhalb davon!

Mein Favorit wäre »FERTIGWERDEN – Der Podcast zum Selbermachen«, weil er verschiedene Menschen in den unterschiedlichsten Situationen abholt. Vielleicht will man nur fertig werden, weil einem die Fehlstelle am Haus schon seit Jahren nicht gefällt. Vielleicht ist es aber der Moment des Fertigwerdens, der einem Genugtuung verschafft. Oder ein aufwendiges Projekt wird abgeschlossen und man kann danach zufrieden drauf schauen und es hinter sich lassen.

In meinen Beratungen haben schon die unterschiedlichsten Herangehensweisen zum Erfolg geführt. Manchmal hilft der Weg in die Natur. Ich erinnere mich an einen Spaziergang mit einem Kunden, der fast zwei Stunden dauerte. Zwischendurch sind wir in unterschiedliche Richtungen gegangen, und als wir wieder zueinanderkamen, war der Titel plötzlich da. In einer anderen Situation haben wir den Titel des Podcasts in einer alten Instagram-Story gefunden. Ein Freund meines Kunden hatte sich einen Spaß erlaubt und ein Foto mit dem Wort »Beinfreiheit« untertitelt. Such doch mal nach »Beinfreiheit« bei Spotify und Co., dann weißt du, warum ich dieses Beispiel sehr gerne bringe.

Sind zwei Hosts beteiligt, bietet sich noch mehr Stoff zur Titelfindung, wenn man sich ein kleines Stilmittel bekannter Podcasts wie »Fest & Flauschig« abschaut: Man verbindet zwei Adjektive oder Substantive miteinander, die in einer gewissen Form die beiden Personen beschreiben. Et voilà, schon hat man einen guten Titel! Eine Bekannte möchte ihren Podcast zum Beispiel »Außer & Gewöhnlich« nennen, was ich auch richtig klasse finde.

Die Suche nach einem geeigneten Titel kann manchmal richtig mühsam werden. Aber es lohnt sich. Ich finde, es ist wichtig, dass er sitzt. Er darf nicht zu sehr konstruiert sein. Er sollte kreativ sein, aber in einer Weise, die schnell nachvollziehbar wird. Spätestens in der Mitte der ersten Folge sollte klar werden, warum dieser Podcast so genannt wurde. Ich bin ein Fan davon, den Titel des Podcasts nicht zu erklären. Wenn der Hörer selbst draufkommt, prägt sich ihm der Titel viel mehr ein, und auch die Weiterempfehlungsrate steigt dann deutlich.

Verlier jedoch bei aller Kreativität nicht die Einsatzform deines Podcast und hier vor allem die Zielgruppe aus den Augen. Danach richtet sich auch, wie locker ein Titel formuliert werden kann. Vielleicht muss es auch ein seriöser Titel werden, weil das Unternehmen in der Außendarstellung bisher auf verspieltes Wording verzichtet hat.

Die Suche gestaltet sich immer unterschiedlich. In Unternehmen ist es häufig so, dass man sich zum eigenen Podcast entschließt und dass dann ganz schnell irgendein Titel gewählt wird. Das ist die völlig falsche Herangehensweise. Sie wird auch deswegen nicht zum Erfolg führen, weil alle anderen Projektschritte dann vermutlich genauso schnell ablaufen. Das Geld kann man sich am besten gleich sparen!

Es ist meiner Meinung ein Trugschluss, dass zum Beispiel ein Podcast, der sich um Leadership und Führung dreht, diese Begriffe auch im Titel haben muss. Zum einen, weil Podcast-Bibliotheken ohnehin mit jeweils unterschiedlichen Algorithmen an die Frage herangehen, wie Podcasts nach Eingabe der Suchbegriffe angezeigt werden. Zum anderen wird es dann Hunderte geben, die ihren Podcast ähnlich bezeichnen. Und das ist fatal, denn umso mehr Suchergebnisse zu einem gewissen Begriff passen, desto schwieriger wird es, in der Liste ganz vorn aufzutauchen.

Am Ende ist es wichtig, dass der Titel auffällt. Ich finde es sehr spannend, erst im Laufe der Zeit nach einigen Folgen die wirkliche Bedeutung des Titels zu verstehen. Die Kreativität strömt dann förmlich zwischen die Ohren. Allerdings solltest du dir darüber im Klaren, sein, dass diese Form der zukünftigen Akzentsetzung eine der schwierigsten Herausforderungen ist. Und bitte niemals aus Angst einen einfachen Titel nehmen. Kreativität kennt keine Grenzen. Unterschätze die Hörer:innen nicht. Sie kommen von ganz allein darauf.

Das Coverbild

Ein weiteres sehr wichtiges Kapitel im Aufbau eines Podcast ist die Erstellung des Coverbildes. Hier kannst du ebenfalls sehr viele Fehler machen, wenn du ein paar Dinge außer Acht lässt.

Ein Coverbild hat am besten eine minimale Größe von 1400 x 1400 Pixeln und eine maximale Größe von 3000 x 3000 Pixeln und sollte im Datei-Format »JPEG« oder »PNG« erstellt werden.

Planst du Text im Coverbild, solltest du wissen, dass in den Übersichten die Coverbilder sehr klein dargestellt werden. Hast du einen eher kreativeren Titel und ein Coverbild mit zu kleiner Schrift, nimmst du dir sämtliche Chancen, gefunden zu werden. Denn in der Regel trifft der Nutzer seine erste Auswahl nach der Eingabe eines Suchbegriffs aufgrund des Titels und des Coverbildes. Passt es an der Stelle nicht, wird es schwierig.

Ich schätze es sehr, wenn man die Protagonisten des Podcasts bereits im Coverbild sieht. Die erfolgreichen Podcasts haben immer diesen Weg gewählt und sind damit sehr gut gefahren. Denn auch bei der Auswahl eines Podcast ist der Sympathiefaktor sicherlich ein wichtiges Entscheidungskriterium.

Achte darauf, dass die Personen auf dem Bild in einer lockeren Art dargestellt sind. Podcasts sind keine Bewerbungsunterlagen. Verzichte aber gleichzeitig auf sehr gestellt anmutende Fotos, die irgendeine künstliche Lockerheit vermitteln sollen. Wie im echten Leben ist ein Lachen Gold wert.

Coverbild und Titel nach den Standards anderer Länder auszurichten, ist keine gute Idee. Im amerikanischen Raum sind die Coverbilder beispielsweise sehr verspielt. Ich glaube, der deutsche Markt ist ein anderer. Wir befinden uns im Vergleich zu den Amerikanern, was Podcasts angeht, sowieso hinterm

Mond. Das führt gleichzeitig dazu, dass wir Podcasts ganz anders nutzen. Und dementsprechend anders sollten das Angebot und die Präsentation der Podcasts sein. Ich hatte mal einen Kunden, der darauf bestanden hat, den amerikanischen Markt als Quelle für seine Entscheidungen zu seinem Podcast zu nehmen. Das ist gründlich in die Hose gegangen. Nicht nur die Form der Mediennutzung, sondern auch die Mentalität der Menschen ist eine ganz andere als in Deutschland.

Normalerweise bin ich kein Fan davon, Logos oder Marken auf dem Coverbild zu platzieren. Die dadurch entstehende werbliche Anmutung könnte Nutzer:innen im Erstkontakt abschrecken. In Deutschland erwartet man bei Podcasts grundsätzlich redaktionelle Inhalte. Allerdings kann eine bekannte Marke auch helfen. Für gestandene Medienhäuser wäre es sogar fahrlässig, auf die Markennennung und damit auf die crossmediale Platzierung und Vermarktung zu verzichten.

Ein sehr probates Mittel, um Aufmerksamkeit zu erregen, ist die Andeutung des Podcast-Inhalts durch Grafiken und Symbole. Eine ansprechende Gestaltung kann Nutzer:innen durchaus neugierig machen.

Titel und/oder Coverbild ändern – eine gute Idee?

Ich werde häufig gefragt, was passiert, wenn man später mal die Gestaltung des Podcasts ändern möchte. Aus technischer Sicht ist das erst einmal kein Problem. Es wird einfach über das Hosting erledigt und in der Regel in den nächsten 48 Stunden bei den Podcast-Bibliotheken umgesetzt. Aus konzeptioneller Sicht ist eine Umbenennung jedoch keine gute Idee. Sie ist in der Podcast-Welt eher unüblich und hinterlässt einen unseriösen Beigeschmack. Nutzerinnen und Nutzer, die den Podcast schon seit Längerem abonniert haben, werden sich möglicherweise wundern, wenn auf einmal der Titel ein anderer ist. Grundsätzlich würde ich das aber nicht als besonders gravierend ansehen. Noch weniger problematisch ist der Wechsel des Coverbildes, vorausgesetzt man ändert es nicht alle naselang.

Etwas anderes ist es, wenn der Inhalt des Podcasts und die Ausrichtung geändert wird im Laufe der Zeit. Das kann schon dazu führen, dass sich viele Hörer:innen abwenden, weil sie den Podcast ursprünglich mal aus einer ganz anderen Intention abonniert haben.

Die Technik und warum am Anfang weniger manchmal mehr ist

Es gibt meiner Meinung nach genau zwei Sorten von Menschen, wenn es um den Umgang mit der Technik bei Podcasts geht. Die einen freuen sich auf die Aufgabe, weil sie ganz tief in ihrem Unterbewusstsein vermutlich schon immer im Radio arbeiten wollten und ihren Traum mit Musik-Stores im Internet und der Recherche nach Podcast-Equipment nun ausleben können. Die anderen überfordert und verunsichert schon allein der Gedanke daran, eine Kaufentscheidung zu treffen, ohne genau zu wissen, was sie eigentlich brauchen. Ich habe gute Nachrichten: In diesem Kapitel bekommst du all das Wissen an die Hand, das du für ein brauchbares Podcast-Equipment benötigst. Und du wirst sogar feststellen, dass weniger oft mehr ist.

Vor allem am Anfang ist es wichtig, dass die Ausstattung möglichst leicht bedienbar ist, am besten nach dem Prinzip: Gerät anmachen, Lautstärke anpassen und den REC-Button drücken. Wenn man selbst der Podcast-Host ist, hat man nämlich in den ersten Folgen schon genug damit zu tun, kein Kauderwelsch zu reden, den Gast nicht zu verunsichern und den eigenen Titel richtig auszusprechen.

Es gibt mittlerweile hunderte Anbieter für Podcast-Setups. Ich empfehle jedoch meinen Kunden immer, auf Marktführer zurückzugreifen und lieber ein bisschen mehr Geld in die Hand zu nehmen. Der Name Rode fällt in diesem Zusammenhang unweigerlich. Natürlich gibt es noch andere qualitativ genauso gute Mitbewerber. Die Equipments von Rode sind jedoch speziell für das Aufnehmen von Podcasts ausgelegt. Hier kann man in den meisten Fällen nicht viel falsch machen. Auch die Einzelaufnahme mit einem Standmikrofon auf dem Tisch ist damit in der Regel ohne weiteres Dazutun möglich.

Rückleitung gut, alles gut

Oft unterschätzt, aber die wichtigste Eigenschaft, die ein Equipment haben sollte, ist die sogenannte Rückleitung. Sie sorgt für völlige Kontrolle des Audios zu jeder Zeit. Die Rückleitung funktioniert so, dass man auf den eigenen Kopfhörern sich selbst, die anderen Mikrofone und alles, was von außen Einfluss hat, hören kann. Es ist nichts anderes als eine dauerhafte Qualitätskontrolle des Audios, und zwar in Echtzeit. Am Anfang fühlt sich das ungewohnt an. Dieses Gefühl lässt aber schnell nach. Die meisten meiner Kund:innen berichten davon, dass man dann das Headset und die eigene Stimme kaum noch wahrnimmt und einfach redet – wie im wirklichen Leben, wo man sich ja auch selbst jederzeit reden hört.

Die Rückleitung kommt aus der Radiowelt. Auch im Podcasting ist diese Option inzwischen gang und gäbe. Sie sollte immer verwendet werden. Die Rückleitung kann zusätzlich noch in der Lautstärke reguliert werden. Ich persönlich mag es lieber lauter. Andere mögen es wiederum nicht, so ein lautes Signal auf dem Ohr zu haben.

In jedem Fall hörst du über die Rückleitung sofort, wenn etwas nicht stimmt, und kannst reagieren. Wenn zum Beispiel das Smartphone nicht auf Flugmodus gestellt wurde und sein Klingeln das Audio mit Interferenzen stört, dann kannst du einschreiten. Manchmal ist es nicht so sicher, ob sich Außengeräusche, wie Lärm von vorbeifahrenden Autos oder von Menschen vor der Tür, negativ auf das Audio auswirken. Auch hier hilft dir die Rückleitung: Wenn sie sich gut anhört, hört sich am Ende auch die Audiodatei gut an.

Das Headset

Ich persönlich bevorzuge aus diversen Gründen phantomge-speiste Headsets. Sie haben oftmals eine sehr gute Qualität und können mit Spannungen zwischen 9 und 52 Volt arbeiten. Der große Vorteil dieser Headsets ist die immer gleiche Ausrichtung des Mikrofons. Ein stets gleicher Abstand zum Mund ist nämlich durchaus entscheidend. Ist dieser mal größer, mal kleiner, kann man das deutlich hören, was für immensen Aufwand in der Postproduktion sorgt.

BEISPIEL: »ACH, DARAUF MUSS ICH ACHTEN!«

Wenn Menschen zum ersten Mal einen Podcast aufzeichnen, sind sie selbstverständlich nervös. Und sie kennen sich natürlich noch nicht gut mit der Technik aus. In meinem Job als Podcastberater habe ich die verschiedensten Ausprägungen von Nervosität erleben dürfen. Einmal hatte ich einen jungen Mann als Kunden, der in dieser Hinsicht alle anderen in den Schatten gestellt hat. Zunächst hatte er die Angewohnheit, mit dem Kugelschreiber Klick-Geräusche zu machen, was grundsätzlich für die Aufnahme nicht gerade förderlich ist. Dann hatte er die Eigenart, sich mit der Hand dauernd ins Gesicht zu fassen und seinen Bart zu schubbern, wobei er hin und wieder ans Mikrofon stieß. Zu guter Letzt schaute er, wenn er nachdenklich wurde, immer in eine andere Richtung. Das ist mit einem Headset kein Problem. Bei einem Standmikrofon auf dem Tisch wäre die Aufnahme unbrauchbar gewesen. Als ich ihm nach der Aufnahme meine nun ebenfalls steigende Nervosität erklärte, entgegnete er: »Ach, darauf muss ich achten!« Welches Wort er dabei betonte, überlasse ich deiner Fantasie ...

Es ist ein Irrglaube, dass alle Nebengeräusche einfach aus der Aufzeichnung herausgefiltert werden können. Das geht in der Regel nicht so einfach. In den meisten Fällen ist es mit einem Qualitätsverlust innerhalb der kompletten Audiospur verbunden. Sorge daher für eine möglichst störungsfreie Umgebung. Das ist mindestens genauso wichtig wie das richtige Equipment. Wenn mal jemand in den Raum kommt, ist das nicht so schlimm. Eine kleine Stelle mit einer kurzen Störung kann man rausschneiden. Dauerhafte Störgeräusche kann eine Technik dagegen nur schwer filtern. Gute Headsets haben die Eigenschaft, sich auf die Stimme zu fokussieren. Damit stellst du also schon eine möglichst gute Qualität sicher. Wenn die Störgeräusche aber zu laut sind, dann beeinflusst es die Aufnahme negativ – immer, auch bei dem besten Headset.

Mach einen Techniktest vor Beginn jeder Aufnahme. Überprüfe dabei den Abstand des Mikrofons zum Mund. Das ist auch bei Headsets wichtig. Geh ruhig das ganze Prozedere durch. Erstelle eine Probeaufnahme und teste, ob die Datei auch wirklich erzeugt wird. Das dauert nur ein paar Minuten, verschafft dir aber ein ruhiges Gefühl, weil du weißt, dass die Technik funktioniert.

Achte bei einem Headset darauf, dass das Kabel lang genug ist. Wenn es sehr kurz ist, schränkt das die Bewegungsfreiheit ein. Die Hersteller neigen leider aktuell dazu, diese Kabel wieder kürzer zu produzieren.

Die Aufnahmeumgebung

Bei Headsets gibt es einen Mikrofonschutz, ebenso bei normalen Mikrofonen. Dieser Schutz sorgt dafür, dass es nicht zu Übersteuerungen kommt. Ebenso filtert er leichte Windgeräusche ab.

Wenn man die Geräuschkulisse der Außenwelt auf der Aufnahme hat, kann das eine feine Sache sein. Im Freien ist aber meist noch ein besserer Windschutz erforderlich. Achte dann auch darauf, dass ein Stromanschluss in der Nähe ist. Es gibt nur wenige batteriebetriebene Equipments.

Die Qualität der Aufnahme lässt sich auch verbessern, indem man den Aufnahmeraum entsprechend ausstattet. Für den Anfang ist das meiner Meinung nach nicht nötig. Aber später kann das durchaus Sinn machen, allein schon wegen des Fotomotivs, das sich damit ergibt. Es gibt speziellen Akustik-Schaum, mit dem du die Wände des Raumes verkleiden kannst. Ebenso sind Elemente zum Aufstellen erhältlich. Sie sind aber deutlich teurer in der Anschaffung.

BEISPIEL: MEIN ERSTES STUDIO

Ich kann mich noch gut an mein erstes kleines Aufnahmestudio erinnern. Das habe ich mit ein paar Kollegen selbst gebaut. Mit Heißkleber haben wir die Schaumstoff-Quadrate an die Wände geklebt. Ich fühlte mich kurze Zeit wie ein Star, der gleich einen Welthit einsingen wird. Diese Gedanken könnten allerdings auch von dem Heißkleber gekommen sein, den ich offenbar zu viel eingeatmet hatte.

Für alle, die gerade erst beginnen und in der eigenen Wohnung aufnehmen wollen, gibt es ein paar einfache Tipps, die helfen, die Aufnahmequalität zu erhöhen. Hohe Decken oder ein hallender Raum sind schädlich. Teppiche und Gardinen dagegen bewirken manchmal wahre Aufnahme-Wunder. Ansonsten gilt die Regel: Umso kleiner der Raum, desto besser.

Auch wenn es eigentlich eine Kleinigkeit ist: Es ist wichtig zu schauen, in welcher Position du und eventuell dein Gegenüber sitzen. Eine unbequeme Haltung vor dem Mikrofon ist vor allem bei einer längeren Aufnahme anstrengend. Schau daher vorher, ob das alles so passt.

Lautstärkepegel

Die meisten Equipments ermöglichen einen Blick auf die Lautstärkepegel. Vor allem wenn mehrere Personen an der Podcast-Episode beteiligt sind, ist es wichtig, dass die jeweiligen Lautstärken aufeinander abgestimmt sind. Es gibt kaum etwas Schlimmeres für das menschliche Ohr, als wenn dauerhaft eine Veränderung der Lautstärke bei wechselnden Sprechern vorherrscht. Ich persönlich werde da wahnsinnig. Du solltest also darauf achten, dass die Ausschläge in der Anzeige bei allen Mikrofonen die gleiche Obergrenze haben. Bei den meisten Equipments gibt es solch ein Display, und es wird dort auch angezeigt, wo die Obergrenze liegen sollte.

Wichtig ist, dass die Mikrofone bei allen Beteiligten den gleichen Abstand zum Mund haben, sonst ist eine Ausrichtung des Audio-Pegels nicht möglich. Eventuelle Einspieler wie Intro, Ou tro oder andere Elemente sollten die gleiche Lautstärke wie die Mikrofone haben. Berücksichtigst du das nicht, hast du hinterher das Problem, dass die Audiospuren einfach zu unterschiedlich sind. Und das hört man auf jeden Fall.

> »Das regeln wir dann mal eben so hinterher über die Postproduktion.« Diesen Satz höre ich häufiger, und er mündet meist in einem großen Problem. Der Grund ist, dass in der Postproduktion wenig »mal eben so« zu regeln ist. »Mal eben« kann man das Problem nur aus der Welt schaffen, wenn man es vor oder während der Aufnahme angeht. Postproduktion ist wesentlich zeitaufwendiger, weil zu viele Dinge darauf Einfluss haben.

Es gibt noch einige Spielereien, die das Leben einfacher machen können. Manche Geräte optimieren falsch eingestellte Lautstärkeregler von sich aus. Manche verhindern Übersteuerungen durch einen sogenannten Limiter. Bei vielen kann man die Sensibilität des Mikrofons einstellen, falls jemand mal sehr leise und dann wieder sehr laut spricht.

Das Aufnahme-Medium

Kommen wir, last but not least, zum Aufnahme-Medium. Es gibt Equipments, die direkt in einen Laptop oder eine App auf dem Tablet, meistens über einen USB-Anschluss, einspeisen. Dann kann man die Aufnahme auf dem Bildschirm verfolgen. Ich selbst bin ein Fan von integrierten SD-Karten, auf der das Audio nach oder auch schon während der Aufnahme gespeichert wird. Du kannst dann hinterher die Datei via Kabel in dein Schnittprogramm ziehen, oder sie zur Bearbeitung weiterschicken. Vor allem bei der zweiten Variante wird eine Cloudlösung erforderlich sein, wenn die Datei im WAV-Format aufgenommen wird und deshalb für eine E-Mail zu groß ist.

> Ich bin ein Fan von Datensicherung. Auch dem trägt die SD-Karte Rechnung. Bis zum Löschen der SD-Karte sind dort alle alten Audios gesichert, was an der ein oder anderen Stelle hilfreich sein kann.

Immer mehr Unternehmen versprechen hochqualitative Aufnahmegeräte für Podcasts. Doch damit ist es oftmals noch nicht getan. Wenn man mal Radio gemacht hat, weiß man, dass es in diesem Bereich viele Dinge daneben zu beachten gibt.

Tippst du bei Amazon »Podcast-Equipment« in die Suchleiste ein, bekommst du weit mehr als 1.000 Ergebnisse. Aus meiner Sicht befinden sich darunter weniger als 10 % an Equipments, die wirklich für eine gute Produktion geeignet sind. Häufig werden komplette Pakete angeboten, die offenbar keine Wünsche offenlassen, die aber rein auf die Aufnahme durch Streaming ausgerichtet sind. Am Ende entscheiden aber zwei Dinge über die Qualität der Audio-Aufnahme:

1. die Geschwindigkeit des Internets, mit der die Daten hin und her geschickt werden, und

2. die Audioqualität, in der man aufzeichnen kann.

Das weiß man aber erst, wenn man sich eine Weile mit der Hardware zur Produktion von Podcasts beschäftigt hat.

Ich hoffe, diese Fülle an Informationen hat dich jetzt nicht verunsichert. Im Grunde ist es, wie du ja jetzt weißt, gar nicht so kompliziert. Viele dieser Infos sind für deine Podcaster-Karriere einfach wichtig. Denn es gibt nichts Schlimmeres als eine nicht-funktionierende Aufnahme. Das kann sogar richtig peinlich werden, je nachdem, wie wichtig dein Interviewpartner ist.

Hier gibt es passend zum Thema eine Hörprobe mit dem Titel »Ups, das war wohl nichts – Die klassischen Aufnahme-Fails«:

Für mich ist es immer ein sehr beruhigendes Gefühl, wenn ich weiß, dass ich mich auf mein Podcast-Equipment verlassen kann. Genauso beruhigt es, selbst zu wissen, was zu tun ist, wenn mal etwas nicht stimmt. Aber keine Sorge. Die meisten Ausstattungen sind darauf ausgelegt, den Nutzer:innen das Leben so einfach wie möglich zu machen.

Eine Checkliste zum Podcast-Equipment kannst du via https://mybook.haufe.de nach Eingabe des Buchcodes TGA-HL12 in der Kategorie »Kommunikation & Soft Skills« herunterladen.

Das Hosting: die Quelle allen Ursprungs

Nicht nur Websites müssen bei einem geeigneten Anbieter gehostet werden. Auch auf einen Podcast trifft das zu. Es gibt viele Anbieter auf dem Markt. Die bekanntesten unter ihnen sind sicherlich Podigee, Lybsyn, Anchor.FM, Podcaster.de oder

Podbean. Wir arbeiten sehr gerne mit Podigee. Er ist zwar kostenpflichtig, allerdings ist dort die Handhabung sehr gut auf den Bedarf und den Nutzen der User abgestimmt.

Der Hosting-Anbieter sorgt dafür, dass ein sogenannter RSS-Feed erstellt wird, über den dein Podcast dann in alle wichtigen Podcast-Bibliotheken verteilt wird. Das hat den Vorteil, dass man nur eine Plattform pflegen muss. Zudem haben diejenigen, die auf den RSS-Feed zugreifen, immer aktuelle Daten. Einmalig muss man am Anfang die Nutzungsbedingungen der Anbieter für die Verknüpfung bestätigen. Danach läuft aber alles von allein.

Auf der Hosting-Homepage kann man nach dem Einloggen auch alle nötigen Statistiken zum Podcast sehen. Das ist für viele der wichtigste Bereich. Er zeigt einem, wie viele Abonnent:innen man hat, oder welche Episode am erfolgreichsten ist. So kann man in Zukunft ähnliche Folgen produzieren. Wie detailliert die Statistiken sind, hängt vom Paket ab, das du wählst. Bei einigen von ihnen kannst du zum Beispiel auch sehen, ob dein Podcast eher über Apple-Podcast oder eher über Spotify gehört wird. Die Statistiken sind immer tagesaktuell.

Das Hosting gliedert sich in zwei große Bereiche. Da ist zum einen der Podcast selbst. Hier müssen das Coverbild und Texte wie der Titel, Untertitel oder die Beschreibung eingepflegt werden. Dazu kommen Angaben zur Person und auch Schlagwörter, unter denen der Podcast später mal bei den Anbietern zu finden sein soll. Der zweite Bereich enthält die Episoden. Hier wird jede einzelne Folge aufgeführt, ebenfalls mit entsprechenden Texten. Auch eine Folge braucht einen Titel und eine Beschreibung. Ebenso sollten hier die jeweiligen Links für den Call to Action (siehe hierzu Kap. »Wie du Struktur in eine Podcast-Episode bringst«) und auch die passenden Schlagworte eingetragen werden.

Keine Sorge, du kannst alle Einträge hinterher noch ändern. Eine Änderung z. B. in der Beschreibung einer Episode wird nach und nach von allen Podcast-Bibliotheken übernommen. Je nach Programm kann das bei dem ein oder anderen langsam oder schneller gehen. Das bezieht sich auch auf die Veröffentlichung der Folgen.

YouTube: wichtiger Player im Podcast-Markt

Ein sehr wichtiger Punkt ist die Verknüpfung des Hostings mit dem eigenen Kanal auf der Plattform YouTube. Laut neuesten Studien (siehe Quellen, Nr. 2) nutzen nämlich erstaunlicherweise sehr viele Menschen YouTube zum Podcast Hören. Im Hosting gibt es hier eine sehr einfache Möglichkeit der Synchronisierung, die aber nicht in jedem strategischen Fall sinnvoll ist (siehe hierzu die übernächste Seite).

Einbindung auf der Homepage

Ebenfalls sehr wichtig ist die Einbindung auf der eigenen Homepage. Sehr häufig gibt es bei Hosting-Anbietern fertige Player, die für die Einbettung auf den gängigen Homepages einen bestimmten Code verwenden. Einfach kopieren, im Backend der eigenen Homepage einfügen – und schon ist der Podcast dort sichtbar. Auch die Podcast-Bibliotheken wie Spotify oder Apple-Podcasts bieten solche Player an. Deren Vorteile sind die schöne Darstellung und eine sichtbare Abo-Funktion. Zudem aktualisieren sich alle Player automatisch, sodass auch auf der Homepage keine lästigen Zusatzarbeiten auf dich zu kommen.

Technische Änderungen

In das Hosting Geld zu investieren, lohnt sich auch noch in anderer Hinsicht: Hochwertige Hosting-Anbieter wachsen mit den technischen Änderungen. Das bieten die kostenlosen Hoster oftmals nicht.

BEISPIEL: SCHNELLER, ALS MAN DENKT

Ich hatte mal vor einigen Jahren die Idee, meinen Podcast als »Skill« für Alexa von Amazon einzubinden. Da sich das zu dieser Zeit noch sehr schwierig gestaltete, nahm ich Abstand davon. Doch vor ein paar Monaten war es dann plötzlich so, dass mein Podcast durch das Hosting bei »Amazon Music« gelistet und prompt auch via Alexa per Sprachbefehl abrufbar war.

Das zeigt: Die Entwicklung in diesem Markt schreitet so rasant fort, dass man ein Hosting gebrauchen kann, das mit der Zeit geht.

Die Audioformate

Sehr wichtig im Zusammenhang mit dem Hosting ist die Frage nach den möglichen Audioformaten. Die gängigen Audioformate sind sicherlich WAV, AAC oder MP3. Bei all diesen Formaten gibt es kaum hörbare Qualitätsunterschiede. Sehr wohl Unterschiede gibt es bei der Dateigröße. Gerade WAV-Dateien sind sehr groß.

Verknüpfung mit Social-Media-Konten?

Durchaus möglich ist die Verknüpfung der Podcasts mit den Social-Media-Konten. Du kannst deinen Podcast z. B. gleichzeitig bei Facebook und Twitter einbinden. Ich bin an dieser Stelle ehrlich und sage dir: »Lass besser die Finger davon!« Die entsprechenden Postings sehen nicht besonders professionell aus.

Mitlese-Versionen durch Transkription

In manchen Situationen ist es schön, wenn gleichzeitig der Text der Podcast-Episode durchläuft. Die Transkription, also die Übertragung des gesprochenen Wortes in einen lesbaren Text, wird im Hosting und teilweise sogar von den Podcatchern angeboten.

Zweitverwertung in Blogs?

Aus dem gesprochenen Wort einen Blogbeitrag zu erstellen, funktioniert nicht ganz so einfach. Das würde ich individueller angehen. Zwar lässt sich eine gut strukturierte Folge eins zu eins in einen Beitrag übertragen, denn Blogs sind ganz ähnlich aufgebaut. Allerdings bleibt dann noch die Arbeit, das Ganze sauber zu schreiben. Eine textliche Übernahme ohne Anpassungen halte ich für wenig zielführend.

Jetzt geht's los!
Die Umsetzung

Die Entscheidung für einen Podcast ist gefallen, die Vorbereitungen sind getroffen, Planung und Konzeption sind fertig. Nun stehen die ersten Aufnahmen an. Bei vielen steigt an diesem Punkt die Nervosität. Das ist ganz normal, denn nun weiß man bald, ob sich auch wirklich alles so gut (an-)hört wie gedacht.

In diesem Kapitel erfährst du unter anderem,

- was nötig ist, um eine richtig gute Episode aufzuzeichnen,
- welche Tipps dir vor dem Mikrofon helfen,
- wie du dir dein Podcast-Leben leichter machst.

Wie du Struktur in eine Podcast-Episode bringst

Lass uns zunächst mal zusammen auf die Basics, die Struktur eines Podcast, schauen. Die folgende Struktur gilt nur für einen Podcast zur Informationsvermittlung und nicht für einen improvisierten Gesprächspodcast. Dort gelten andere Regeln bzw. es gibt keine.

Die Begrüßung

Ich finde, es gehört zum guten Ton, die Hörer:innen entsprechend zu begrüßen. Vor allem den Anfänger:innen unter euch empfehle ich, diesen Start ruhig Wort für Wort aufzuschreiben und ihn dann frei ins Mikro zu präsentieren.

> Achtung! Sprecht den Text erst und schreibt ihn dann genauso auf, um ihn abzulesen. Sonst wirkt er gekünstelt.

BEISPIEL: BEGRÜßUNG IM PODCAST

»Und damit mal wieder ein »Herzlich Willkommen« in die Runde. Schön, dass ihr euch dazu entschieden habt, eine neue Folge meines Podcasts zu hören. Dann kann die letzte ja gar nicht so schlecht gewesen sein. Ich hoffe ihr seid gut in die Woche gestartet! Und ich kann euch sagen, ich habe heute mal wieder ein Thema für euch dabei, was euch sicher interessieren wird. Das weiß ich, weil ihr meinen Podcast abonniert habt.«

Eine Begrüßung ist ideal, wenn du die Hörerschaft damit in einer bestimmten Situation abholst. Bring einen Gedanken, den die meisten vielleicht schon mal hatten. Wenn du wie in dem

Beispiel oben über das Podcast-Abonnement sprichst, werden sich viele angesprochen fühlen, weil sie sich ja ganz bewusst dazu entschieden haben, deinen Podcast regelmäßig zu hören.

Die Folgenbeschreibung

Im weiteren Verlauf gehört es für mich dazu, die Episode in aller Kürze zu beschreiben. Dieser Part bringt Orientierung. Jeder weiß dann, was es in dieser Folge im Detail zu hören gibt, und kann sich darauf einstellen. Was kommt vor? Worüber wird gesprochen und welche Tipps und Tricks hast du für deine Fans dabei? Reiß diesen Part wirklich nur ganz kurz an, denn sonst ist die Gefahr der Dopplung zu groß. Es soll auf keinen Fall der Eindruck entstehen, dass ein bestimmtes Argument in der Folge schon mal genannt wurde. Man vermittelt damit nämlich das Gefühl, dass man sich nicht ausreichend mit dem Thema beschäftigt hat oder gar zu wenig Argumente oder Wissen im Gepäck hat.

Doch Achtung: Auch ein Zuviel ist nicht optimal. Der häufigste Fehler in einem Podcast zur Wissensvermittlung ist es, in den einzelnen Episoden einfach zu viele Aspekte zu platzieren. Meiner Erfahrung nach ist es als Hörer:in schwer, sich langfristig mehr als drei bis fünf der wichtigsten Aspekte zu merken. Wie viele Szenen eines wichtigen Fußballspiels kannst du zwei Tage später noch beschreiben? Welche Stellen aus der Netflix-Serie von gestern fallen dir auf Anhieb ein? Sicherlich nur wenige. Als Podcast-Host solltest du dich daher fokussieren.

Der Hauptteil

Jetzt geht es ans Eingemachte. Im Hauptteil der Episode solltest du deine Gedanken und Geschichten so präsentieren, dass es zum einen unterhaltend, zum anderen aber auch informativ ist. Hier kannst du auf Storytelling-Mittel zurückgreifen. Erzeuge zum Beispiel einen Spannungsbogen und beachte die Regel: Lieber weniger Geschichten, aber dafür sehr spannend erzählt.

Mach dir Stichpunkte, damit du dich von einem Aspekt zum nächsten hangeln kannst. Wenn man dir nicht mehr folgen kann, weil du in der Chronologie immer wieder hin und her springst, ist das für viele ein Abschaltfaktor.

> Das Smartphone schnappen und einfach unvorbereitet mit dem eigenen Podcast loslegen? Keine gute Idee. Auch wenn es tatsächlich passende Apps dafür gibt, kann ich diese Verfahrensweise nicht nachvollziehen. Jeder hat im Leben meist nur eine Chance, in seinem Umfeld einen Podcast zu launchen. Und diese Chance sollte man bestmöglich nutzen. »Verbrannte Erde« ist zwar ein super Titel für einen Podcast, aber sicherlich keine empfehlenswerte Herangehensweise.

Wenn du es hinbekommst, Bilder im Kopf deiner Fans entstehen zu lassen und deine Hörer:innen gedanklich mit an den Ort des Geschehens zu nehmen, dann wird man dir zuhören. Übrigens auch bei Dingen, die vermeintlich weniger spannend sind. Es wird deine persönliche Art sein, die die Hörer:innen an dich bindet. Falls du dir später mal die Frage stellst, warum Menschen deinen Podcast hören, dann findest du die Antwort immer bei dir selbst.

Die Inhalte als Episoden-Drehbuch so aneinanderzureihen, dass es sich nicht konstruiert anhört, ist eine Kunst. Einige meiner Kund:innen meinen, ich hätte eine Art Gabe dafür – und das ist gut so, denn das ist ja auch schließlich mein Job. Doch auch diejenigen, die dieses besondere Talent nicht besitzen, sind in der Lage, sich die Drehbuch-Kunst anzueignen. Hier ein paar Tipps dazu.

Offen sein für verschiedene Anfangspunkte

Es ist sinnvoll, in beide Richtungen zu schauen. Entweder beginnt man mit dem Heraussuchen der Episoden-Highlights und überlegt dann, ob es Geschichten, Gedanken oder Erfahrungsberichte dazu gibt – oder man macht es genau umgekehrt. Ich starte gerne mit einer Geschichte oder einem interessanten Gedanken und suche anschließend das, was ich den Hörer:innen dazu mit auf den Weg geben möchte. Das macht es manchmal einfacher.

> Hol deine Zuhörerschaft gedanklich ab, in einem Moment, den sie vielleicht auch schon mal selbst erlebt oder zumindest darüber nachgedacht haben.

Der Blick fürs Detail

Beschreib die Einzelheiten der verschiedenen Bausteine wiederum mit der Methodik des Storytelling. Lass Bilder in den Köpfen deiner Fans entstehen. Hol dir den Moment aus der Vergangenheit zurück vor das geistige Auge und versuche dich an möglichst viele Details zu erinnern. Sprich am besten alle Sinne deiner Hörer:innen an. An welchen Geruch erinnerst du dich? Was hast du gesehen? Was haben die Menschen um dich herum wohl gedacht? Was wurde gesagt? Welches Gefühl hattest du damals in dieser Situation? Beschreibst du all das, kommst du dem so wichtigen Unterhaltungsfaktor in deinem Podcast schon näher.

Hier gibt es passend zum Thema eine Hörprobe mit dem Titel »Storytelling in Podcasts, und was das Ganze mit einer Ziege zu tun hat.«:

Stets im Fokus: der Unterhaltungsfaktor

Mein Lieblingssatz, wenn ich gefragt werde, was man in seinem Podcast am besten erzählen soll, lautet: »Alles, was man nicht in Suchmaschinen findet!« Das klingt zunächst mal nach einer großen Aufgabe. In Wirklichkeit wird aber schnell klar, worauf der Fokus gelegt werden sollte. Die Menschen da draußen können überall so viele Informationen auf allen möglichen Kanälen bekommen. Wenn ein Podcast mit der Vorstellung der beteiligten Personen beginnt und in epischer Breite der Werdegang zum Beispiel des Interviewgastes beschrieben wird, bin ich raus. Und das geht nicht nur mir so. Du solltest also möglichst schnell zum unterhaltsamen Teil der Episode kommen.

Lockere Atmosphäre für unterhaltsame Gespräche

Gelingt es dir, eine lockere Wohlfühlatmosphäre zu schaffen, machst du es deinem Gegenüber einfacher. Wenn sich alle wohlfühlen, vergessen sie schnell, dass gerade ein Mikrofon alles mitschneidet. Lockerheit vermittelst du am besten gleich zu Beginn des Gesprächs. Um deinen Gesprächspartner zum Schmunzeln zu bringen, darf es auch schon mal ein künstliches Lachen ins Mikrofon sein, auch wenn es sich natürlich nicht so anhören sollte.

Dein Spickzettel: nur Stichpunkte, keine ausformulierten Sätze

Um dich gut auf den Text vorzubereiten, visualisiert du am besten die Bestandteile der Episode. Platziere in der Mitte eines Blattes den Titel und drum herum einige Stichpunkte mit den Highlights oder Hinweise auf die Geschichten, die du erzählen möchtest. Formuliere außer der Begrüßung nichts aus. Ausformuliertes so abzulesen, dass es nicht als solches erkennbar ist, wird nicht funktionieren. Nur Profis können ausformulierte Beiträge so sprechen, dass man den Unterschied zur Improvisation nicht hört. Das muss man jahrelang lernen und üben.

Wenn du magst, schnapp dir einen Stift und hake die Punkte ab, die du bereits im Podcast angesprochen hast. So kannst du sichergehen, dass du nichts vergisst, auch wenn es mal hektisch wird. Das Abhaken sollte übrigens recht leise geschehen. Das Quietschen des Textmarkers auf der Aufnahme könnte zu Irritationen führen.

Die Rubriken

Ich bin ein Fan von Rubriken. Dafür gibt es mehrere Gründe. Einer davon ist, dass Rubriken es dir vereinfachen, zwischen den einzelnen Bestandteilen der Episode überzuleiten. Zum anderen helfen sie, sich beim Zuhören zu orientieren.

Wenn am Ende jeder Folge noch einmal eine Zusammenfassung der wichtigsten Infos kommt, kann man sich als Hörerin oder Hörer darauf einstellen. Lass dir ein anderes kreatives Wort einfallen, wenn die Rubrik nicht »Zusammenfassung« heißen soll.

Rubriken gibt es in den unterschiedlichsten Formen. Es können, wie gerade beschrieben, klassische Zusammenfassungen sein, aber auch eine mit einem Audioelement versehene Rubrik, bei der man nochmal genauer ins Detail geht. Es kann eine Rubrik namens Themenwechsel geben. Das hilft nicht nur dir, sondern auch allen, die innerhalb der Folge mal wieder abgeholt werden möchten. Im Grunde sind dir bei diesem Element keine Grenzen gesetzt.

BEISPIEL: DROPS

Bei uns in der Redaktion verwenden wir den Begriff »Drops« für die einzelnen Rubriken. Ich weiß gar nicht mehr genau warum, vermute aber, er stammt noch aus unserer Radiovergangenheit. Wenn ich zu Beginn mit Interessierten spreche, dann wissen diese oft nichts mit dem Wort anzufangen.

Schnell wird ihnen dann aber klar, wie wichtig diese »Drops« bzw. Rubriken sind, um die eigenen Folgen zu strukturieren. Wenn auf einem Blatt Papier schon mal die Begriffe »Begrüßung« und »Folgenbeschreibung« stehen und dann die Rubriken platziert sind, ergeben sich die weiteren Aspekte meist von selbst.

Ich denke, unser Gehirn glaubt dann, wir hätten schon viel Inhalt für die Episode, auch wenn das eigentlich gar nicht stimmt.

Die Verabschiedung

Mein Großvater hat immer gesagt: »Wenn der Esel in die Mühle kommt, sagt er: Guten Tag!« Ein ähnlich höfliches Verhalten empfehle ich dir auch zum Schluss der Episode. Verabschiede dich bei deinen Abonnenten. Zeige ihnen deine Wertschätzung darüber, dass sie dir zugehört haben. Teile ihnen mit, dass du dich freust, wenn sie auch beim nächsten Mal wieder dabei sind.

Jetzt wird es etwas kurios. Deine Verabschiedung sollte nämlich nicht nach Verabschiedung klingen. Bestenfalls sollte es für deine Hörer:innen irgendeinen Grund geben, noch nicht abzuschalten. Vielleicht, weil sie Angst haben, etwas zu verpassen. Hier bietet sich eventuell eine Rubrik »Das Beste kommt zum Schluss« an. Oder ein kleiner, immer anderer Spruch nach der Verabschiedung, der es in sich hat und den niemand verpassen möchte.

Der Call to Action

Mit Blick auf deine wirtschaftlichen Interessen kommt jetzt ein sehr interessanter Moment im Podcast. Es geht um den Call to Action, kurz CTA. Er ist eine Aufforderung an deine Hörer:innen innerhalb der Podcast-Episode, eine bestimmte Aktion auszuführen, so z. B. eins deiner Produkte zu bestellen. Die Chancen stehen sehr gut, dass deine Fans, die sich aktiv für deinen kostenlosen Podcast entschieden haben, auch bereit sind, bei dir Produkte zu erwerben.

Wichtig ist in diesem Zusammenhang die Platzierung der »redaktionellen Werbung«, wie ich es gerne nenne. Immer nur am Ende von deinen Angeboten zu sprechen, halte ich nicht für besonders sinnvoll. Grundsätzlich ist das natürlich ein guter Zeitpunkt. Allerdings man muss hier immer damit rechnen, dass die Hörer:innen ungeduldig sind und schon zur nächsten Folge wechseln, wenn sie merken, dass die vorherige sich dem Ende entgegen neigt. Mach deine Fans daher gerne auch mal innerhalb der Folge an einer passenden Stelle auf den Call to Action aufmerksam.

Die Fangemeinde ist laut qualitativer Analysen einverstanden, wenn Werbung gemacht wird, solange der Podcast kostenlos erhältlich ist. Trotzdem ist wichtig, diese Produktplatzierungen nicht zu übertreiben und auch auf keinen Fall so klingen zu lassen. Am besten sollte man den Übergang gar nicht merken.

Bei dem Call to Action kannst du natürlich den einfachsten Weg wählen und auf deine Internetseite aufmerksam machen. Ich empfehle dir allerdings, dich für den direkten Weg zu einem Produkt zu entscheiden bzw. zu einer Zwischenstation. Für Unternehmen kann der Call to Action auch gerne über andere Pfade führen, so z. B. über den Webshop. Wichtig ist, dass in dem beigefügten Text zur Podcast-Episode der Link dorthin direkt eingepflegt wird.

Hier bietet sich die Chance, die mit dem Podcast verfolgte Strategie umzusetzen (siehe hierzu auch Kap. »Die Strategie entscheidet über den Erfolg«). Das gerät schon mal in Vergessenheit. Denn in den meisten Fällen ist man froh, dass der Podcast endlich veröffentlicht ist und vergisst vor lauter Glück die Maßnahmen, die letztlich den wirtschaftlichen Erfolg bringen.

Checkliste: Struktur eines Podcasts

- **Begrüßung der Hörer:innen**: Hol deine Fans ab und bedanke dich für das Zuhören.

- **Kurze Beschreibung des Folgeninhalts:** Sag kurz, was es in deiner Folge zu hören gibt und schaffe damit Orientierung. Wer sich orientiert fühlt, fühlt sich wohl.

- **Schaffe drei bis fünf Highlights:** Im Laufe des Zuhörens sinkt die Aufmerksamkeit. Setze drei bis fünf Highlights, mit denen du dir die Aufmerksamkeit wieder zurückholst.

- **Hauptteil strukturieren und gestalten:** Es macht Sinn, sich den Hauptteil der Episode grob zu strukturieren. Hier solltest du aber viel Spielraum für Improvisation lassen. Erzähle deine Geschichten und Gedanken im Idealfall mit einem Spannungsbogen.

- **Rubriken:** Auch innerhalb einer Episode ist es empfehlenswert, die Aufmerksamkeit der Hörer:innen immer wieder neu zu entfachen. Probate Mittel dafür sind Audioelemente und Rubriken.

- **Verabschiedung:** Eine kurze Verabschiedung mit der Einladung an deine Hörer:innen, auch beim nächsten Mal wieder dabei zu sein, schafft regelmäßige Zugriffe.

- **Call to Action:** Hier geht es um das Marketing für deine Produkte. Leite deine Hörer:innen dazu in einen von dir gewählten Kanal. Wenn du möchtest, dass deine Fans deine Internetseite besuchen, dann solltest du eine nette und angenehme Aufforderung formulieren, am Ende oder auch mal während der Aufnahme.

Der REC-Button

Das rote Licht hatte in Hörfunkredaktionen stets eine große Bedeutung. Wenn diese Farbe zu sehen war, durfte man das Studio nur in den äußersten Notfällen betreten. Die rote Lampe war das Symbol für ein geöffnetes Mikrofon und für »Halt, sonst gibt's Ärger!« Ein lauthals gezwitschertes »Guten Morgen« würde bei leuchtender Lampe unangenehmerweise eins zu eins übertragen.

Ich kann mich noch gut an den Moment erinnern, an dem ich als Nachrichtenredakteur die rote Lampe das erste Mal selbst einschalten musste. Es war ein komisches Gefühl, auf einmal derjenige zu sein, der das Sagen hat. Heute produzieren sehr viele Menschen Podcasts und kennen je nach Equipment die Wirkung dieses roten Lichtes. In den meisten Fällen zögert man, bevor man den REC-Button drückt und damit das rote Licht aktiviert. Aber warum verunsichert uns das eigentlich so? Sicherlich zu einem guten Teil, weil man sich davor die Frage stellt: Habe ich an alles gedacht und weiß ich überhaupt, was ich sagen will?

Als junger, angehender freier Hörfunkjournalist dauerte es einen Moment, bis die Programmleitung mich auf die Antenne ließ. Zu Recht, denn die Verantwortung, selbst über den Moment zu entscheiden, zu dem jeder aus dem Sendegebiet zuhören kann, ist eine große, in die man erst allmählich hineinwächst.

Ein bisschen Demut schadet nicht

Es ist schon interessant, dass über diese Verantwortung heute kaum noch jemand nachdenkt. Grundsätzlich kann jeder den REC-Button drücken und innerhalb weniger Stunden die Inhalte bei Spotify, Apple und Co. zur Verfügung stellen. Eine Qualitätskontrolle führen nur die wenigsten Podcatcher-Anbieter durch. Wer das Hosting beherrscht, kann eins zu eins veröffentlichen. Gut, die Nutzungsbedingungen im Kleingedruckten weisen darauf hin, dass man sich an ein paar Regeln zu halten hat. Aber liest sich die jeder wirklich im Detail durch?

Die Podcast-Welt heute ist geprägt vom schnellen Veröffentlichen. Akribische Prüfungen gibt es nicht. Es mutet komisch an, dass offenbar in den Köpfen der Verantwortlichen das gesprochene Wort weniger Gewicht hat als das geschriebene. Seltsamerweise ist es in Unternehmen oft so, dass bei einer Pressemitteilung viel genauer hingeschaut wird als bei Podcasts. Ich wundere mich manchmal über die zügige Freigabeprozedur bei einer Podcast-Episode, obwohl selbst ich als Produzent an der ein oder anderen Stelle noch ein paar Fragen gehabt hätte.

Letztendlich wird sehr oft kaum gefiltert veröffentlicht. An dieser Stelle möchte ich das Wort »Demut« einfließen lassen. Ich weiß, das ist ein großes, ein bisschen verstaubtes Wort und klingt nach erhobenem Zeigefinger, aber Demut trifft es meiner Meinung nach ganz gut. Sowohl in der Berichterstattung vieler

Radiosender als auch bei der Veröffentlichung von Podcasts vermisse ich sehr häufig eine gewisse Demut. In diesen Zeiten die Möglichkeit zu haben, einem breiten Publikum seine Gedanken mitzuteilen, ist ein Privileg. Jeder von uns weiß, dass es nicht in jedem Land auf dieser Welt erlaubt ist, seine Meinung zu äußern. Ein bisschen Demut schadet also nicht, bevor man den REC-Button drückt.

Passend zum Thema gibt es eine Hörprobe mit dem Titel »Der Mikromoment – Mit Leichtigkeit zum Aufnahmeknopf«.

Warum wir alle vor dem Mikrofon performen können

Nicht jede oder jeder ist eine geborene »Rampensau«, und das wird man auch immer heraushören. Grundsätzlich kann man aber eine sichere Performance vor dem Mikrofon und eine für Podcasts ausreichende Präsentation lernen.

Das Podcast- und Radio-Gen ist nur selten in der DNA zu finden

Einer der wesentlichen Schlüssel zum Erfolg dabei ist Authentizität. Es ist immens wichtig, seine Art und seinen Charakter auch eins zu eins im Podcast darzustellen. Wenn du anfängst zu grübeln, wie du sein sollst, dann haben wir schon ein erstes großes Problem.

BEISPIEL: LERNEN, LERNEN, LERNEN

Um als Radiomoderator bei einem lokalen Radiosender auf die Antenne gelassen und Beiträge produzieren zu dürfen, musste ich damals lange kämpfen. Heute weiß ich, dass das unter anderem daran lag, weil die Programmplanerin nicht gerade ein Fan von mir war. Trotzdem spielte natürlich auch eine wichtige Rolle, dass ich die Präsentation vor dem Mikrofon erst lernen musste. Hier gab es hohe Qualitätsansprüche. Dabei war die Stimme eher das kleinere Übel. Vielmehr kam es darauf an, eine gewisse Lockerheit gepaart mit sehr überlegten und kalkulierten Informationen zu vermitteln. Das ist übrigens auch heute noch das Geheimrezept vieler guter Radio- und Podcast-Moderationen.

Was ich mit diesem Beispiel zeigen will ist, dass es Zeit braucht, um ein guter Moderator und damit auch ein guter Podcast-Host zu werden. Ausbildung und Fortbildung sind nötig, zumindest, wenn man den Anspruch an sich selbst hat, außergewöhnlich gut zu werden.

Auch Selbstreflexion schadet nicht. Im Gegenteil, sie ist sogar ganz besonders wichtig. Da Qualitätskontrollen von Fachleuten bei Podcasts eher nicht stattfinden, ist es umso wichtiger, sich selbst immer wieder auf den Prüfstand zu stellen.

Gute Vorbereitung ist (fast) alles

Vor allem am Anfang verlangt eine gelingende Präsentation vor dem Mikrofon gute Vorbereitung. Bei Unternehmens-Podcasts erlebe ich zum Beispiel häufig, dass fehlende Informationen zu unnötigen Korrekturschleifen führen. In jedem Fall kann man ohne tiefes Wissen keinen guten Podcast produzieren und auch keine guten Interviews führen, egal wie herausragend der Gast auch ist. Daher ist es sehr wichtig, dass externe oder interne Podcast-Hosts sehr tief in das Projekt eingearbeitet sind.

Das Mindset

Eine wichtige Voraussetzung, die aus mäßigen Podcaster:innen gute macht, ist das passende Mindset.

Wer sich mental auf die Besonderheiten von Podcasts einstellt, hat es viel einfacher. Eine davon ist deren fehlender Live-Charakter. Wer Audioschnitt kennt, weiß, dass man im Grunde fast alles schneiden kann. Laute Nebengeräusche lassen sich nur selten aus der Aufnahme rausfiltern (siehe hierzu auch Kap. »Die Technik«). Aber man kann Versprecher oder auch versehentliche Aussagen eliminieren, wenn man bei der Überprüfung des Audios feststellt, dass etwas nicht stimmt. Für Produzenten dauert das oftmals nur Sekunden. Warum sich also über mögliche Versprecher oder komplette Blackouts Gedanken machen? Bei Videos, Bühnenauftritten, Reden und Co. stehen wir doch alle, ehrlich gesagt, deutlich heftiger unter Druck. Mit diesem Hintergrundwissen ist es doch schon viel einfacher, vor dem Mikrofon zu präsentieren.

Auch die Gedanken darüber, wie man Worte und seine Stimme einsetzt, können wir getrost beiseitelegen. Mal zu sehr mit Akzent gesprochen? Mein Gott, ist doch eine schöne individuelle und authentische Präsentation! Mal an einer unwichtigen Stelle das falsche Wort verwendet? Egal, wenn es doch sowieso auch jeder so verstanden hat. Niemand wird sich beschweren! Eines ist sicher: Bei diesem Medium ist Perfektionismus völlig fehl am Platze.

Wir sind bei einer Podcast-Episode, trotz aller Vorbereitung, in einem Improvisationsmodus unterwegs. Natürlich passieren da Fehler, weil wir ja gerade nicht ablesen wollen, sondern dem Hörer eine gut klingende, lockere Art bieten wollen. Viele haben trotzdem das Bedürfnis auf Nummer sicher zu gehen. Davon kann ich nur dringend abraten. Am schlimmsten ist es, wenn andere den Podcast verschlimmbessern, weil sie zum Beispiel in einem Unternehmen dafür die Verantwortung tragen und manchmal sogar so handeln müssen. Das ist nicht nur frustrierend, sondern für alle Beteiligten in der Produktion der absolute Spaßkiller.

Außerdem ist es wichtig, sich über die qualitativen Analysen von Podcasts Gedanken zu machen. In einer halben Stunde kann sich ein Hörer nur eine begrenzte Anzahl an Informationen merken, auch wenn er sich aktiv für diese Podcast-Episode entschieden hat. Im Umkehrschluss heißt das: Zügle deinen Durst nach Wissensvermittlung und sei lieber du selbst. Und beherzige folgenden Satz, den ich nicht oft genug wiederholen kann: »Erzähle alles, was man in Suchmaschinen nicht findet!«

Dieser Anspruch löst allerdings häufig auch Blockaden aus. Meine Kund:innen fragen sich: Ist das wirklich gut genug, was ich da gerade produziere? Doch Zweifel, ob die Hörer:innen enttäuscht sein könnten, entbehren oft jeder Grundlage. Die Frage ist ja stets: Welche Erwartungshaltung haben deine Fans? Angesichts der vielen nicht so professionell produzierten Podcasts sind sie so einiges gewöhnt und die Ansprüche also dementsprechend eher niedrig. Aber ich verstehe natürlich auch, wenn das für viele kein Maßstab ist. Mein Tipp ist hier: Fokussier dich auf die Regeln einer guten Podcast-Episode, dann wird sich der Erfolg von allein einstellen.

Was noch wichtig ist für dein Mindset: Schau möglichst objektiv auf die eigenen Stärken. Der eine kann Sachverhalte sehr gut und anschaulich zusammenfassen und hat die Fähigkeit, kinderleicht einen spannenden Redaktionsplan zu erstellen. Die andere hat ihre Stärke in der Struktur und verliert nie den roten Faden. Bau diese Stärken immer mehr aus. Entdeckst du Schwächen, hol dir Tipps von den Profis. Die haben meist jahrelange Erfahrung und die ist ja bekanntlich unbezahlbar. Willst du zum Beispiel präsenter vor dem Mikrofon sein, kann dir ein Stimmtraining helfen.

Tipps und Tricks, die dir das Podcast-Leben leichter machen

Orientier dich am Radio

Wenn es um die Qualität des eigenen Podcast geht, ist man entweder auf Profis angewiesen, die den Status einordnen können, oder man entscheidet selbst, ob die Qualität passt oder nicht. Wie das funktioniert? Alle von uns haben schon einmal Radio gehört. Orientier dich an den Standards, die dort vorherrschen. Radio besteht oft aus kurzen Zusammenfassungen und kaum geschachtelten Darstellungen. Radio spielt zur Abwechslung mit Jingles und Musik und versucht die Wortbeiträge nachvollziehbar zu gestalten. All dies sind gute Indikatoren. Stell dir immer die Frage: Wenn ich das im Radio hören würde, würde ich das gut finden? Wenn etwas nicht sendbar ist, ist es nicht sendbar. Da bedarf es dann keiner Diskussion.

Bleiben wir noch kurz beim Radio. Dort ist eines der wichtigsten Ziele die Verweildauer. Man möchte Hörer:innen möglichst lange ans Programm binden, indem man ihnen Lust auf spätere Sendungen oder Lieder macht. Ich finde, das ist auch in Bezug auf Podcasts eine großartige Idee. Sogenannte Teasings auf andere Episoden oder auf ein sehr spannendes Highlight einer Folge bringen deine Fans dazu, weiterhin dabeizubleiben.

Vorsicht mit Pausen

Mach vor allem zu Beginn eines Podcast, aber auch im Verlauf des Podcast-Projekts nie lange Pausen. Das hat mehrere Gründe: Für den Host kann es durchaus zum Problem werden, sich von Neuem auf das Konzept einzustellen. Man vergisst ein paar Dinge. Es ist wie beim Tennisspielen: Nach einer langen Pause dauert es eine ganze Weile, bis man wieder so gut wie vorher ist.

Außerdem schaden Pausen dem Ranking in den Podcatcher-Bibliotheken. Je nachdem, wie regelmäßig man produziert, wird man in der Suchfunktion oder in der Darstellung hörenswerter Podcasts entweder berücksichtigt oder eben nicht.

Warm-up für Interviewgäste

Ein praktischer Tipp für das Vorgespräch mit Interviewgästen: Schalte bereits beim Small Talk mit ihnen immer schon das Mikrofon an. Das hat gleich mehrere Vorteile: Deine Gäste gewöhnen sich schon mal an den Klang des Mikrofons und merken recht schnell, wie man sich zu verhalten hat, damit die Aufnahme gut wird. Außerdem liegt dann der Eisbrecher-Moment bereits hinter euch, wenn ihr zu den eigentlichen Inhalten kommt.

Also lieber schon mal vorher am Mikrofon ein wenig Spaß haben, damit die Stimmung bei der Aufzeichnung von Anfang an gut ist. Häufig ist es so, dass in den Vorgesprächen lustige Dinge passieren. Vielleicht geht auch mal was daneben. Solche Aufnahmen können manchmal für Outtakes oder ein Best-of genutzt werden.

Das Vorgespräch kann auch noch in anderer Hinsicht nützlich sein: Hol dir dort das Einverständnis deiner Gäste zur Aufzeichnung und Veröffentlichung in allen wichtigen Podcast-Bibliotheken. Ob eine solche rechtliche Absicherung vor Gericht im Fall der Fälle letztlich reicht, kann ich nicht sagen, schaden tut sie aber sicherlich nicht. Speicher diese Tondatei immer separat ab.

Immer: Daten sichern!

Generell ist es sehr wichtig, alle Inhalte für den Podcast extern zu sichern. Am besten geschieht das auf einem Server, der im Besitz des Podcast-Betreibers ist. Es kann immer zu Problemen mit Drittanbietern kommen. Wenn das ausgerechnet der Hosting-Anbieter ist, bekommt man schnell ein unschönes Problem. Wenn der Hoster den Podcast-Account löscht, sind die Daten überall weg, weil das Hosting und der RSS-Feed ja die Quelle sind. Das ist sicherlich ein sehr unwahrscheinliches Szenario, aber ich würde dennoch auf Nummer sicher gehen.

Formuliere Begrüßung und Verabschiedung vor

Wer noch nicht so erfahren vor dem Mikrofon ist, sollte sich eine Formulierung für Begrüßung und Verabschiedung notieren. Normalerweise rate ich vom Vorlesen ab, weil man dann schnell nicht mehr authentisch klingt. Aber gerade zu Beginn tun sich doch viele mit der Begrüßung und der Verabschiedung schwer. Schreib dabei immer das gesprochene Wort auf. Notiere also exakt das, was du in einer angenehmen, lockeren Atmosphäre sagen würdest. Das gesprochene Wort unterscheidet sich wesentlich von ausformulierten Texten. So muss es nicht unbedingt grammatikalisch richtig sein, kommt damit aber auch gleichzeitig authentischer rüber.

Spar dir die Star-Gäste für spätere Folgen auf

Wähle für die ersten Aufzeichnungen Interviewgäste aus, die dir ein paar Fehler verzeihen. Es passiert nicht selten, dass die Anmoderation voll danebengeht oder der Name des Gastes falsch ausgesprochen wird. Wichtige Multiplikatoren würde ich erst einladen, wenn du eine gewisse Sicherheit sowohl in deinem Konzept als auch in der Präsentation vor dem Mikrofon hast.

Blicke nie zurück!

Höre dir niemals die ersten Folgen an, die du produziert hast. Jeder Podcaster schlägt die Hände über den Kopf zusammen, wenn er damit konfrontiert wird, und möchte sie am liebsten nochmal machen. Tu dir ein solches Erlebnis also gar nicht erst an.

Schlüpf unter die Decke

Und zum Schluss noch ein kleiner Tipp, den jeder Radio-Redakteur kennt, für den man aber in der Podcast-Branche regelmäßig etwas reserviert angeschaut wird, was ich übrigens gut verstehen kann. Wusstest du, dass es unter einer Bettdecke bzw. im Auto die beste Akustik gibt? Wenn du allein schnell ein paar gute Aufnahmen machen möchtest, mach sie also an diesen Orten. Das Ergebnis wird dich überzeugen.

So machst du deinen Podcast bekannt

Eine der häufigsten Fragen, die ich als Podcast-Berater gestellt bekomme, ist diese: Wie erreiche ich mit meinem Podcast eine zufriedenstellende Reichweite? Die Antwort darauf ist von vielen Faktoren abhängig. Sowohl Marketing-Aktivitäten, die Qualität und Positionierung als auch die Größe des vorhandenen Netzwerkes spielen eine Rolle. Es gibt aber auch noch weitere Faktoren, die ich in diesem Kapitel nach und nach beleuchte, so z. B.:

- warum der Launch ein entscheidender Moment ist,
- welche zusätzlichen Kanäle Pflicht sind,
- warum und wie Partnerschaften und Interviewgäste helfen.

Der Launch und die Pre-Launch-Phase

Ein entscheidender Moment für zukünftigen Erfolg und auch Motivation ist der Launch. Hier hast du die einmalige Möglichkeit, dein vorhandenes Netzwerk zu nutzen und Effekte zu erzielen, die dir später mal helfen werden. Dazu muss man ein paar Dinge wissen. So zum Beispiel, wie Spotify, Apple und Co. die Podcast-Charts berechnen. Am Anfang ist es das primäre Ziel, dort eine möglichst hohe Platzierung zu erreichen. Denn so steigt die Aufmerksamkeit, zumindest zu Beginn, wie von allein.

Nutze dein Netzwerk

Einfacher macht es ein großes Netzwerk. Als Unternehmen hat man da manchmal Vorteile, weil man mit den hauseigenen Social-Media-Abteilungen einige Dinge anstoßen kann. Einzelkämpfer haben solche Möglichkeiten nicht. Trotzdem sind Plattformen wie Facebook, Instagram, Snapchat oder LinkedIn für sie interessant. Im Idealfall werden die Bekannten, Freunde und Follower dort zum Launch gebündelt in den Podcast-Kanal übertragen. Mit diesem Kniff gewinnst du in einem sehr kurzen Zeitraum überproportional viele neue Abonnenten für deinen Podcast, und das ist wiederum die entscheidende Einheit für eine günstige Platzierung in den Charts.

Es gibt sogar Angebote, die diesem Launch-Effekt ein wenig nachhelfen. Ob du sie nutzt, bleibt dir überlassen. Man kann sich zum Beispiel auf digitalem Wege Abonnent:innen kaufen. Auch klassische Ads bei Social-Media-Plattformen sind ein Mittel, die

Aufmerksamkeit zu steigern. Zielgerichtetes Targeting macht es möglich, die eigens definierte Zielgruppe mit dem Podcast zu konfrontieren. Meiner Erfahrung nach sind solche Versuche nur selten von Erfolg gekrönt. Spezialisierte Marketing-Agenturen mögen mich da korrigieren, aber meine Erfahrungen mit diesen Maßnahmen waren eher enttäuschend. Obendrein muss man sich hier fragen, ob man die Qualität der Zielgruppe aus der Hand geben möchte. Nichts anderes tut man in diesem Moment. Wenn Facebook und Co. bei der Auslieferung ungenau sind, hat man am Ende eine Abonnentenstruktur, die zwar quantitativ, aber nicht unbedingt auch qualitativ gut ist. Am ehesten kann ich noch die Berufsnetzwerke LinkedIn und XING empfehlen. Die Sichtbarkeit der jeweiligen Mitglieder, die auf die Anzeige geklickt haben, verschafft mir hier das Gefühl, dass alles sehr gut steuerbar ist.

Erfahrungsgemäß ist eine Charts-Platzierung in einem großen Podcatcher ein Turbo in Sachen neue Abonnenten. In den Apps gibt es oft Podcast-Empfehlungen zu verschiedensten Themen. Dort wird man aufgeführt, wenn man in den Charts ist.

Gerade zu Beginn ist das eigene Netzwerk besonders offen für den gelaunchten Podcast. Neues macht neugierig. Ein neuer Podcast, der kreativ gestaltet ist, sorgt in der Regel bei den Bekannten im Netzwerk für eine aktive Handlung: das Abonnieren des Podcasts. Und genau das wird benötigt, denn ohne aktive Auswahl kein neuer Hörer und auch keine Verdatung in der Statistik. In vielen Fällen macht es auch Sinn, den Launch mehrfach ins Spiel zu bringen. Die Ankündigung eines Launch hat sich als sehr wirksam erwiesen. Dafür ist nicht unbedingt ein Countdown von 100 abwärts nötig, aber einen spürbaren Effekt hat eine Vorankündigung immer. Sie schürt Spannung, und wenn jemand den Podcast-Kanal mag, ist diese Form des Hörvorschlags eine willkommene Abwechslung.

Beim Launch würde ich auch immer gleich ankündigen, wie oft der Podcast in Zukunft mit neuen Episoden aufwarten wird. Das ist ein sehr wichtiges Instrument bei Podcasts.

Die Gretchenfrage: Woran misst du deinen Vermarktungserfolg?

Der Vermarktungserfolg ist je nach Branche, Thema und Zielgruppen Interpretationssache. Bewegen wir uns in einer Nische, können 5.000 Abonnent:innen eine Menge sein. Richtest du dein Angebot allgemein an Verbraucher:innen, wirst du wahrscheinlich erst bei 250.000 Abos das erst Mal einen leichten inneren Jubel verspüren. Aber selbst diese beiden Zahlen sind aus der Luft gegriffen. Es gibt zu viele Unsicherheitsfaktoren und eine zu schlechte Datenlage für eine vernünftige Analyse der Zahlen. Ich orientiere mich da eher an einer anderen Einheit: Wie viele meiner Abonnent:innen haben die Aktion ausgeführt, die ich mir bei meiner Podcast-Strategieplanung überlegt habe (siehe hierzu auch Kap. »Die passende Strategie für jeden Podcast-Typ«)? Das lässt sich leichter nachvollziehen und kann später einfacher skaliert werden. Verkaufst du ein Buch, kannst du vermutlich ziemlich genau rekonstruieren, wer aus dem Podcast-Kanal zum Kaufanreiz bewegt wurde. Das geht durch technische Lösungen, wie z.B. spezielle Landing-Pages im On-line-Shop, oder vorherige Planung bei der Homepage-Analyse in Bezug auf die Herkunft des Klicks.

Es gibt auch schöne Möglichkeiten, über den Podcast ein Pro-dukt zu verkaufen, bei dem an keiner anderen Stelle eine Be-werbung läuft. So kann der Kauf nur über den Podcast provo-ziert worden sein, was eine klare Analyse ermöglicht.

BEISPIEL: DER PODCAST ALS VERKAUFSINSTRUMENT

Eine meiner Kundinnen hat es hinbekommen, mithilfe ihres Podcasts einen klar strukturierten Verkaufsprozess zu generieren, der schon eine ganze Weile wunderbar funktioniert. Ein Viertel ihrer Podcast-Abonnent:innen kauft im Durchschnitt nach eigenen Angaben ein von ihr im Podcast be-schriebenes Produkt. Das ist ein sehr guter Wert.

Die erfolgreiche Vermarktung hängt, wie oben bereits beschrie-ben, sehr von den vorhandenen Ressourcen ab. Auch hier ist es entscheidenzd, ob sich jemand darum kümmert, den Podcast in allen verfügbaren Kanälen zu bespielen. Gibt es ein Newsletter-Marketing-Tool, sollte es auch für den Podcast genutzt werden.

Regelmäßig und langfristig: die Erfolgsformel für deinen Podcast

Mit einem Podcast ist es so ähnlich wie mit einer gut laufen-den Beziehung: Bei beiden spielen Regelmäßigkeit und Lang-fristigkeit eine wesentliche Rolle. Es geht um Verlässlichkeit, es geht darum, dass man miteinander Gemeinsamkeiten oder Interessen teilt, und es geht darum, dass man nicht einfach irgendwann ohne Grund mit der Beziehung aufhört. Beziehungen und Podcasts ist ein Geben und Nehmen gemein. Deine Hörer:innen lassen sich auf eine Art Beziehung mit dir als Podcast-Host ein. Dafür erwarten sie im Gegenzug etwas. Deshalb ist es so wichtig, sich im Vorfeld darüber klar zu werden, wie oft neue Episoden produziert werden sollen und können. Und gleichermaßen ist es selbstverständlich, dass der Podcast nicht nach zehn Folgen wieder eingestellt werden sollte.

Sich für einen Podcast zu entscheiden, ist eine große Sache

Vor allem am Anfang muss man sich die Lorbeeren erst verdienen. Wie in einer Beziehung haben die Hörerinnen und Hörer das Gefühl, etwas Besonderes in der großen Menge an Angeboten gefunden zu haben. Dieses Gefühl solltest du nicht enttäuschen. Die ersten Folgen machen Lust auf mehr und nach und nach wird aus dem Erstkontakt eine Art Beziehung für das Ohr. Jedes Mal, wenn im Podcast über etwas gesprochen wird, was auch den Nutzer:innen schon mal passiert ist, festigt das die Beziehung mehr und mehr.

Wir erleben es in der Agentur recht häufig, dass allein durch die Veröffentlichung des Podcasts Dinge passieren, die die Produzenten so nicht kommen gesehen haben.

BEISPIEL: WAS PODCASTS BEWIRKEN KÖNNEN

Ich hatte mal einen Kunden, dessen Selbstvertrauen offenkundig am Boden war. Am Anfang dachte ich deswegen, dass er nie im Leben einen vernünftigen Podcast würde machen können. Am Ende stellte sich heraus, dass er mit einem guten Konzept einen Anker gefunden hatte, der ihm die Kraft gab, mit seiner Stimme in die Öffentlichkeit zu gehen. Dieser Mensch veränderte sich im Lauf der Zeit zu einem äußerst selbstbewussten Zeitgenossen. Und warum? Weil die Beziehung zu seinen Hörer:innen und die daraus resultierenden Begegnungen mit ihnen einen positiven Einfluss auf ihn hatten.

Manchen mag dieses Beispiel jetzt vielleicht ein bisschen schnulzig anmuten. Ich möchte damit nur betonen, dass es auf die Beziehung zu den Hörer:innen ankommt. Auch davon ist der Erfolg des Podcasts abhängig, egal mit welcher Strategie er umgesetzt wird. Auch Unternehmen sollten sich darüber Gedanken machen, bevor einfach drauflos produziert wird.

Wie oft?

Kommen wir zurück zur Regelmäßigkeit und Langfristigkeit. Natürlich ist es ideal, wenn wöchentlich oder gar täglich neue Episoden produziert werden. Erfolgreiches Content-Marketing funktionierte schon immer nach dem Prinzip: Umso mehr professioneller Content, desto mehr qualitativer Kontakt mit der Zielgruppe. Und dieser wiederum wirkt sich positiv auf die Zahl der Abonnent:innen aus. Die alles entscheidende Frage musst du dir allerdings vorher stellen: Was ist realistisch? Große Unternehmen haben es da recht einfach. Dort wird kurzerhand eine Art Podcast-Taskforce gebildet. In ein paar Meetings werden dann die Rahmenbedingungen festgelegt. Meistens muss eine arme Socke aus der Belegschaft den Podcast-Host mimen, ohne wirklich Vorerfahrung zu haben. Ich hatte mal jemanden, der mir beim Coaching offenbart hat, dass er das alles gar nicht wollte und zu dem Job gezwungen wurde. Das war ein wenig skurril.

Als Unternehmen hat man die Power zu beschließen: Wir produzieren jetzt alle zwei Wochen eine Folge und das machen
wir erst mal eine Weile. Die PR- und Marketing-Abteilungen
werden sich gemeinsam mit der engagierten Podcast-Agentur
schon um den Rest kümmern. Bei anderen Podcast-Hosts, insbesondere den Einzelkämpfern, kann die Situation eine ganz
andere sein. Da muss man sich schon sehr genau Gedanken
darüber machen, wie viel Zeit neben dem Alltagsgeschäft dafür überhaupt zur Verfügung steht. Der Tag hat bekanntlich nur
24 Stunden. Und wenn du einmal angefangen hast und kurze
Zeit später aufhörst, kannst du es auch gleich bleibenlassen.

Frag dich also erst einmal, wieviel Zeit du regelmäßig in ein lang-
fristiges, innovatives und spaßiges Projekt investieren willst und
kannst. Hier ein paar grobe Eckdaten für den Zeitaufwand, den
du ungefähr einkalkulieren solltest: In der Regel kann man später
bei einer 30-minütigen Folge von einem Zeitaufwand von 60 Minuten ausgehen für die Entwicklung und Aufzeichnung. Diese Angaben beziehen sich auf meine Erfahrungswerte für eine allein
produzierte Folge und ohne Audioschnitt. Bei einer Episode mit
einem Gast musst du das Vorgespräch noch hinzurechnen. Der
Audioschnitt dauert bei geübten Audio-Produzenten im Durchschnitt die Hälfte der realen Folgenzeit. Das Audio-Rohmaterial
wird dabei oft in zweifacher Geschwindigkeit abgehört.

Wie lang ist langfristig?

Kommen wir nun noch zur Langfristigkeit. Ich halte alle Pla-
nungen unter einer Dauer von zwei Jahren für nicht empfeh-

lenswert. Entweder man macht es richtig oder gar nicht. Keine Sorge: Eine Sommerpause ist üblich. Du musst also nicht auf den geliebten Urlaub verzichten oder unter dem Sonnenschirm am Strand an der Costa Brava noch schnell eine Episode produzieren. Wobei die Location natürlich nach einem interessanten Podcast-Konzept für eine Sonderfolge klingt ... Außerdem kannst du, und das würde ich übrigens immer so machen, am Stück produzieren. Nimm dir zum Beispiel jeden vierten Samstag im Monat einen halben Tag für deine Podcast-Folgen Zeit. Du schaffst dann ungefähr drei bis vier Folgen und hast danach erst mal wieder eine Weile Ruhe.

> Verschiebe die festgelegten Termine nur im äußersten Notfall. So werden die Produktionstage irgendwann zum festen Ritual in deinem Leben.

Podcast-Episoden können im Hosting eingeplant werden. Es ist ohne weiteres möglich schon vorzuplanen, um den Druck aus den Produktionen zu nehmen. Bau daher nicht nur auf Episoden, bei denen Abhängigkeiten von anderen existieren. Plane also auch Einzelfolgen und nicht immer nur Interviews. So bleibst du flexibel. Und genau das ist wichtig, um Regelmäßigkeit und Langfristigkeit zu wahren.

Warum die Suche nach Multiplikatoren so wichtig ist

Verabschiede dich am besten sofort vom Gedanken, dass sich ein Podcast, nur weil er so richtig gut produziert ist, von allein bei Spotify, Apple und Co. im großen Stil verbreitet. Er ist schlichtweg falsch, es sei denn, du bist Promi, Politiker, ein Nachrichtenmagazin oder ein TV-Sender. Es gibt zu viele Angebote, daher musst du etwas für die Reichweite deines Podcast tun. Hierbei können dir Multiplikatoren helfen. Das sind Menschen, Unternehmen oder andere Institutionen, die nicht in Konkurrenz zu dir stehen, aber die gleiche Zielgruppe wie du haben.

Manchmal können das sogar Menschen sein, die eine ähnliche Herangehensweise haben, aber sich auf andere Bedürfnisse der Zielgruppe konzentrieren. Es lohnt sich also, nicht voreilig etwaige Konkurrenten als mögliche Multiplikatoren auszuschließen.

Was bringen dir nun Multiplikatoren? Ganz klar: Nur diese sind in der Lage, in einer schnellen Form dein eigenes Netzwerk zu erweitern. Nutzt man diese Chance nicht, würde man denen, die einen eh schon kennen, einfach nur einen weiteren Kanal zur Verfügung stellen. Multiplikatoren erweitern dein Netzwerk mit einem Episoden-Turbo. Bitte sie darum, Interviewgast in deinem Podcast zu werden, und sorge dafür, dass sie in ihrem Netzwerk die entsprechende Episode teilen. Im Idealfall mit einer Empfehlung oder einer Aufforderung, deinen Podcast zu abonnieren. Vielleicht besteht sogar Interesse daran, die gemeinsame Podcast-Folge als Player auf einer Homepage einzubinden. Ich erlebe es sehr häufig, dass die anschließende Vermarktung der gemeinsamen Episode von Multiplikatoren nicht so wirklich ernst genommen wird. Daher macht es manchmal Sinn, im Vorfeld der Produktion ein kleines Arrangement zu besprechen, das beiden Netzwerken hilft. So hat jeder etwas davon.

> Viele Podcast-Hosts machen zum Start des Podcasts den Fehler, dass sie mögliche Multiplikatoren eher thematisch orientiert auswählen und nicht nach Reichweitenstärke. Nicht falsch verstehen: Unterhaltsame Themen und Menschen sind durchaus wichtig, aber der Fokus muss bisweilen auch auf der Reichweite liegen.

Auf der Suche nach Multiplikatoren wird man manchmal auch bei Journalisten, Universitäten oder Hochschulen, Verlagen, Facebook-Gruppen oder Bekannten fündig. Denk möglichst weit, dann fällt dir sicherlich der ein oder die andere ein.

Richtig spannend ist aktuell auch der Blick in Plattformen wie LinkedIn. Dort kann man sehr schön nach Multiplikatoren suchen und diese über eine Interview-Anfrage ansprechen.

BEISPIEL: DAS GUTE LIEGT OFT SO NAH

Einer meiner Kunden hat den besten Abonnenten-Boost in dem Unternehmen gefunden, in dem er angestellt war. Die Belegschaft dort sowie die Kund:innen und Subunternehmer waren begeistert von dem Podcast, als sie davon via LinkedIn erfuhren. In dieser Phase konnten wir eine immense Reichweitensteigerung verzeichnen.

Bei der Ansprache von Multiplikatoren solltest du immer auch ein wenig aufpassen. Achte darauf, dass sich niemand manipuliert fühlt. Wenn einer Partei irgendwann klar wird, dass von Anfang an ein Plan hinter der Kontaktaufnahme steckte, oder man direkt mit der Tür ins Haus fällt, kann das zum Problem für die weitere Beziehung werden.

Und denk daran: Jede Beziehung ist ein Geben und Nehmen. Kommentare und Reaktionen auf die Beiträge anderer bringen eine Bindung, die zeigt, dass man sich auch wirklich für das Thema interessiert.

In der Regel wissen Multiplikatoren, dass sie Multiplikatoren sind. Das macht die Sache nicht so einfach. Man muss sich ihnen schon auf eine außergewöhnlichere Art präsentieren, um ihr Interesse zu wecken. Das kann über das Konzept des Podcasts funktionieren, aber auch über den Titel und das Coverbild (siehe hierzu das gleichnamige Kapitel).

Wie du passende Interviewgäste für dich gewinnst

Du hast den passenden Gast für dich identifiziert. Nun geht es darum, ihn für ein Interview zu gewinnen. So einige Podcast-Hosts, die gerade erst gestartet sind, beschweren sich darüber, dass sie keine Rückmeldungen zu Interviewanfragen bekommen. Oft liegt das daran, dass häufig nur eine E-Mail geschrieben wurde und sonst nicht klar war, wie seriös der Podcast eigentlich ist. Ich kann dir nur dringend raten, nicht ohne dein hörbares Konzept anzufragen. Im Idealfall ist der Podcast schon bei Spotify und Co. gelistet. Ist das noch nicht der Fall, solltest du wenigstens eine sehr gute Probefolge mitschicken können inklusive Coverbild und Podcast-Beschreibung.

> Die meisten versuchen, direkt zum Start bekannte Persönlichkeiten aus ihrem Umfeld für den eigenen Podcast zu gewinnen. Warte ab, bis dein Podcast mit einigen Folgen gelistet ist und die Ernsthaftigkeit allein schon dadurch sichtbar wird.

So haben alle Beteiligten etwas vom Interview

Idealerweise profitieren alle Beteiligten vom Interview, also du und auch dein Gast. Am besten du sprichst mit ihm bereits im Vorfeld darüber, wie man im Detail später die Netzwerke mischt, also den Podcast in den verschiedenen Kanälen einbindet. Denn um nichts anderes geht es, wenn man auf diese Weise zusammenarbeitet.

> Hol dir stets eine Freigabe des Interviews von deinen Gästen. Das ist nicht nur rechtlich eine gute Idee, sondern auch eine weitere Chance zur Kontaktaufnahme.

Umso mehr Abonnenten in kürzester Zeit hinzukommen, desto besser wird der Podcast in den verschiedenen Podcast-Bibliotheken gelistet. Jeder Anbieter hat da andere Regeln. Du kannst jedoch in der Regel davon ausgehen, dass Spotify und Co. sich immer die letzten sieben Tage anschauen und orientiert an den Zuwächsen von Downloads und Abonnenten zum Beispiel die Charts bestimmen.

Es gibt verschiedene Wege für deinen Interviewgast, deinen Podcast zu teilen. Bei Instagram, Facebook und Co. ist das sicherlich am einfachsten. Das bloße Einfügen eines Episodenlinks führt hier bereits zu sehr ansehnlichen Vorschaubildern oder implementierten Playern. Die Social-Media-Anbieter lassen sich in diesem Bereich immer wieder etwas Neues einfallen. Am Beispiel von Facebook sieht man, wie solche Entwicklungen vonstattengehen können. Facebook möchte unbedingt eine große Rolle im Podcast-Markt einnehmen und wird dabei sicherlich auch in Zukunft versuchen, möglichst ansehnliche Einbindungen beim sozialen Netzwerk zu ermöglichen.

Es gibt natürlich auch noch weitere Möglichkeiten, wie dir deine Interviewgäste helfen können. Du kannst theoretisch all ihre Kanäle dazu nutzen. Auch ein Newsletter braucht ja immer wieder Content. So profitieren beide Seiten von der Veröffentlichung. Podcasts lassen sich leicht in Homepages einbinden. Das geschieht mit sogenannten Widgets, vorbereiteten Programmier-Codes. Sie haben folgenden Vorteil: Jemand, der sich eigentlich nur für deinen Gast interessiert und auf dessen Websites surft, kann dort direkt deinen Podcast abonnieren. Das ist eine gute Sache. Wenn dir dein Interviewgast sehr wohl gesonnen ist, kannst du mit ihm vielleicht sogar auch noch den Call to Action abstimmen, damit die Aktion in deine eigene Podcast-Strategie passt.

Ich finde es sehr schön, wenn man zu der gemeinsam produzierten Folge auch noch ein gemeinsames kleines Online-Event startet. Unternehmen könnten zum Beispiel Events mit Zulieferern, Tochterfirmen oder Verkaufs-Events veranstalten. Über ein kostenloses Event in direkten Kontakt mit einem Netzwerk zu kommen und darauf aufbauend eine Verkaufsstrategie zu planen, klingt sicherlich auch für dich nach einem guten Plan.

Du kannst natürlich den Spieß umdrehen und selbst als Podcast-Host ein Gast in anderen Podcasts sein. Achte hier aber stets darauf, dass es sich auch lohnt. Ich würde immer zunächst auf die Reichweite achten. Damit meine ich übrigens nicht nur die Reichweite des Podcasts. Hohe Reichweiten auf den Social-Media-Plattformen sind manchmal noch viel wichtiger.

> Vergiss im Interview niemals, deinen eigenen Podcast zu nennen. Eine bessere Form der Werbung kann man nicht bekommen.

Die Suche nach analogen Werbeformen kann sich lohnen

Bisher haben wir uns auf das Digitale konzentriert und über Reichweiten im Online-Universum nachgedacht. Beschäftigen wir uns nun mit den Möglichkeiten, die sich offline bzw. analog zur Podcast-Vermarktung anbieten. Über den klassischen Flyer in der Post kann man sicherlich streiten, aber dennoch kann diese Methode durchaus Reichweite bringen.

Flyer und Prospekte

Podcast-Werbung macht überall dort Sinn, wo man wartet. Dieser Grundsatz ist so simpel wie zutreffend. Das zeigt auch das folgende Beispiel.

BEISPIEL: FLYER FÜR DAS PUBLIKUM

Wir haben vor einiger Zeit einen Künstler betreut, der häufig größere Veranstaltungen hat. Nach kurzer Diskussion über analoge Möglichkeiten sind wir sehr schnell einig geworden, dass es eine sehr gute Idee ist, Flyer auf jeden Stuhl in den Veranstaltungssälen zu legen. Auf den Flyern ist ein QR-Code abgedruckt, über den man mit seinem Smartphone zur Abo-Möglichkeit für den Podcast gelangt. So können die Besucher der Veranstaltung die Wartezeit bis zum Beginn der Veranstaltung nutzen, um sich für ein Abonnement zu entscheiden.

Künstler haben oft eine Menge Fans, die sich über Events in den Podcast-Kanal transferieren lassen. Die Mischung aus analogem und digitalem Marketing kann jedoch auch für Nicht-Künstler eine sehr gute Herangehensweise sein. Andere Netzwerke sind in der Regel oft ebenso affin für diesen angesagten Kanal.

Ein großer Vorteil in Bezug auf analoge Werbeformen im Podcast-Bereich ist die Wiedergeburt des QR-Codes. Sehr viele Anbieter fokussieren sich gerade auf diese Möglichkeit, was dazu führt, dass die Smartphone-Nutzer:innen daran fast nicht mehr vorbeikommen. Visitenkarten werden einfach kurz ans Handy gehalten und schon sind alle Daten des neuen Kontakts verfügbar. Werbung für Apps läuft ebenfalls sehr häufig über QR-Codes. Und auch in Einkaufsläden wird die Automatisierung mittels Codes vorangetrieben. Die Endgeräte, egal von welchem Hersteller, sind mehr und mehr auf die einfache Nutzbarkeit von QR-Codes ausgelegt. Auch Plakat- oder Autowerbung nutzt die schwarz-weißen Scan-Bildchen. Nur bei der TV- und Display-Werbung sehe ich aktuell noch Schwächen. Hier mit einem QR-Code zu arbeiten, ist sicherlich kaum von Erfolg gekrönt, denn zum Abscannen wäre ein Standbild erforderlich. Kein Wunder, dass TV-Sender aktuell versuchen, mit der Button-Methode auf der Fernbedienung zu arbeiten oder TV-Shops zu etablieren.

Platzierung über Journalist:innen

Wir haben durchaus schon den ein oder anderen Reichweiten-Erfolg mit klassischer Berichterstattung in etablierten Medien erzielt. Journalisten sind durchaus interessiert an Podcasts, vor allem dann, wenn das Angebot der öffentlichen Aufklärung oder dem Gemeinwohl dient. Wenn du dich jetzt angesprochen fühlst, würde ich deinen Podcast auf jeden Fall auch über diesen Weg vermarkten. Pressemitteilungen über Agenturen sind nicht besonders kostenintensiv, sodass das selbst für kleine Anbieter eine gute Möglichkeit sein kann.

Planst du eine Platzierung deines Podcast in den entsprechenden Medien, solltest du dich vorab auf folgende Frage vorbereiten: Was haben die davon? Lös dich am besten ganz schnell von dem Gedanken, dass die Medien genauso begeistert sind, wie du selbst. Berichtet wird nur, wenn damit entsprechende Reichweiten erzielt werden und ein klarer Nutzen für Leser, Hörerinnen und TV-Zuschauer erkennbar ist. Ohne diese Faktoren wird man bei der klassischen Presse keinen Erfolg haben. Begründe also sehr detailliert, warum dein Content die Gesellschaft weiterbringt.

> Frag, ob du einen QR-Code platzieren kannst, um den direkten Zugang zu zum jeweiligen Podcast zu ermöglichen.

Veranstaltungen

Auch Veranstaltungen können sehr spannende Möglichkeiten bieten, deinen Podcast bekannt zu machen, so zum Beispiel Messen, Kongresse, Konferenzen. Es macht Sinn, sich auf solchen Veranstaltungen blicken zu lassen, die thematisch zum Podcast passen. Möglicherweise kann eine Rede auf einer großen Veranstaltung sehr hilfreich sein, auch wenn man sich dort möglicherweise einkaufen muss. Die Investition lohnt sich allemal, denn du baust damit deinen Status als Experte aus und machst darüber wiederum deinen Podcast bekannt.

> Nimm dir kurz vor dem Launch des Podcasts auf jeden Fall nochmal in Ruhe die Zeit, alle vorhandenen Kanäle auf ihr Werbepotenzial zu überprüfen. Ich wiederhole das an dieser Stelle, weil in der Euphorie der Umsetzung dieser Punkt häufig vernachlässigt wird und damit viele Chancen ungenutzt bleiben. Vieles ist möglich und Vieles macht offensichtlich Sinn, man muss nur vorher ausreichend darüber nachdenken.

Live-Events

Mit Live-Events betreten wir in Deutschland Terrain, das noch nicht wirklich erschlossen ist, zumindest nicht, wenn es um die Vermarktung von Podcasts geht. Schade eigentlich, denn solche Live-Events bieten eine Menge Vorteile und sind gar nicht so aufwendig in der Durchführung.

BEISPIEL: DIE GRILL-SHOW

Stellen wir uns doch mal einen Grill-Experten vor, der ja in der Regel vermutlich auch als Koch unterwegs ist. Er produziert einen gut laufenden Podcast, der sich um Tricks und Tipps beim Grillen und interessante Persönlichkeiten aus der Kochszene dreht. Es ist im Grunde nur eine Frage der Zeit, wann der Podcast-Host auf die Idee kommt, eine Live-Grillshow zu veranstalten.

So einen ähnlichen Fall haben wir mal in unserer Agentur betreut: Bei einem großen Firmenevent einer Fleischereikette nutzten wir die Bühne für eine Live-Aufzeichnung einer Podcast-Episode rund um das Thema Grillen. Mit großem Erfolg, denn am Ende gab es einen Sponsoring-Vertrag und jede Menge neue Abonnenten.

Das Beispiel zeigt: Du musst keine Stadthallen füllen für einen Live-Event rund um den Podcast. Du kannst ihn auch in kleineren Kreisen erfolgreich gestalten, sogar in einem ganz kleinen Umfeld und auch online.

Hast du schon mal Facebook-Live genutzt? Du brauchst nur ein Facebook-Profil, um deine Inhalte live anzubieten. Dabei kannst du auch auswählen, wer in deinem Netzwerk von diesem Event erfährt. Ich weiß nicht, wie es dir geht – ich finde jedenfalls diese Form der Produktionen für die Nutzer:innen sehr ansprechend, weil sie auch mal live die Gesichter hinter den Podcaster:innen sehen können. Und für die Produzenten gibt es doch auch nichts Schöneres, als ihren Content mehrfach zu verwenden, ohne dafür einen Handschlag mehr machen zu müssen. Auch der Aspekt der Interaktivität bei Live-Events bietet große Vorteile: Du lernst nicht nur deine Zielgruppe näher kennen, sondern kannst auch die Gelegenheit nutzen, ihr direktes Feedback einzuholen.

> Die Kommentarfunktion in den Live-Videos ist Fluch und Segen zugleich. Du solltest auch auf negative Kommentare vorbereitet sein.

Das Ticketing für Live-Events der aktuell erfolgreichen Podcasts zeigt, dass dieses Format gut funktioniert. Das liegt sicherlich auch am Fan-Effekt. Die Schwelle, zum Fan zu werden, ist bei einem coolen, angesagten und erfolgreichen Podcast recht niedrig. Und sehr schnell werden Hörer:innen auch zu Fans von Live-Events, weil sie die Hosts gerne auch mal von Angesicht zu Angesicht kennenlernen wollen.

In Pandemie-Zeiten haben wir eine Renaissance der Autokinos erleben dürfen. Die »Pochers« alias Amira und Oliver Pocher haben diese Form der Vermarktung ihres Podcasts par excellence für sich genutzt. Wie ich finde sehr gewagt, denn ein bis zehn Autohupen von nicht so amüsierten Fans können so ein Event auch schon mal crashen. Na ja, Mut braucht es eben auch, um einen erfolgreichen Podcast auf die Beine zu stellen.

Live-Events in Social-Media-Kanälen

Ich bin kein Online-Marketing-Experte, trotzdem möchte ich hier auf die Live-Events in den Social-Media-Kanälen eingehen: Wenn das bewegte Live-Bild zu dem auditiven Medium gut gemacht ist, dann wirkt sich das sicherlich günstig auf das Empfehlungsmarketing aus. Eine bessere Gelegenheit, die anwesenden Fans davon zu überzeugen, den Podcast und das Event direkt in ihren Timelines zu teilen, gibt es nicht. Dafür lohnt sich die Mühe der Planung allemal.

Auch bei Podcasts gibt es SEO und Ads

Für Podcaster:innen macht es durchaus Sinn, sich mit Suchmaschinen-Marketing und der Werbung in Social-Media-Plattformen zu beschäftigen. Denn für zielgenaue Werbung zur Reichweitensteigerung gibt es auch hier interessante Möglichkeiten. Podcasts zeichnen sich dadurch aus, dass sie ein individuelles Angebot an ganz bestimmte Interessensgruppen richten. Und genau das ist auch die Stärke von Werbung bei Facebook, Instagram, LinkedIn und Co. Auch dort ist es möglich, das Targeting so anzupassen, dass es nur einer ganz bestimmten, anvisierten Zielgruppe angeboten wird. In der Anfangsphase des Podcasts würde ich allerdings von solcher Werbung abraten. Es macht zunächst eher Sinn, dem Podcast eine natürliche Entwicklung durch das eigene Netzwerk zu ermöglichen. Das ist auch ein guter Indikator für eine erste Überprüfung, wie die Nutzer:innen den Podcast einordnen, bevor man direkt Budget für Werbung ausgibt.

Von Menschen, die sich mit Podcast-Werbung auskennen, hört man allerdings immer wieder, dass im Laufe der Zeit der Weg über das Online-Marketing ein sehr erfolgreicher sein kann. Ich selbst habe damit eher negative Erfahrungen gemacht. Das mag zum einen daran liegen, dass ich jemand bin, der vieles erst mal selbst ausprobiert, um zu verstehen, wie es funktioniert. Im Online-Marketing ist ein solches Trial-and-Error-Prinzip aber anscheinend nicht zu empfehlen. Rein logisch gesehen macht es durchaus Sinn, diese Werbeformen zu nutzen.

Neben Facebook-, Instagram, LinkedIn- und YouTube-Ads sehe ich vor allem im Suchmaschinen-Marketing großes Potenzial. Hierbei solltest du aber erst checken, wie der Podcast auf der eigenen Homepage eingebunden wurde. Einige Implementierungsmöglichkeiten für Episoden-Player sind hinderlich, weil sie nicht relevant für Suchmaschinen sind. Wenn der Podcast mit Einzelfolgen implementiert wurde, sollte die Beschreibung zum Beispiel der Episode auch wirklich als Textbaustein eingebunden sein. Gleiches gilt für den Titel der Folge und sowieso für den Namen des Podcasts. Die im Player eingebundenen Informationen werden von den Suchmaschinen meines Wissens nicht berücksichtigt. Abgesehen davon halte ich eine prominente Platzierung des eigenen Podcast auf der Homepage sowieso für essenziell. Die Annahme, dass die Listung bei den Podcast-Bibliotheken reicht, hat sich in der Vergangenheit schlichtweg als falsch erwiesen, wenn man nicht gerade eine prominente Persönlichkeit aus dem Fernsehen ist.

Schaltest du Werbung auf Facebook, Instagram und Co., ist es wichtig, den Fokus zu behalten. Definiere genau, zu welcher Aktion die Werbeanzeige bei der Zielgruppe führen soll. Ideal ist es natürlich, den bezahlten Traffic am Ende zu einem Abonnement des Podcasts zu leiten. Das kann entweder bei Apple Podcast oder Spotify oder bei dem auf der Homepage eingebundenen Podcast geschehen. Auch hier wird ein Abo bei den Podcatchern ausgelöst, allerdings mit dem Unterschied, dass die Nutzer schon mal auf der Internetseite waren. Die Bindung erfolgt durch das Abonnement, und das in einem sehr vertrauenswürdigen Umfeld, weil die Urheber der Werbeanzeige genau diejenigen sind, die man am Ende im Podcast hören kann.

Geht es um die grafische Gestaltung deiner Werbeanzeigen, solltest du auf jeden Fall den Faktor Mensch berücksichtigen. Die Protagonisten des Podcasts sollten also auch in der Anzeige zu sehen sein.

Ein Blick in die Zukunft des Podcasts

Sind Podcasts ein vorübergehender Hype oder ein Medium, das eine lange rosige Zukunft vor sich hat? Lass uns einen Blick in die Glaskugel werfen.

Glücksfall? Wenn Giganten sich auf ein Medium stürzen

Wusstest du, dass sich drei der aktuell zehn größten und erfolgreichsten Unternehmen der Welt mit Podcasts beschäftigen (siehe Quellenverzeichnis, Nr. 5)? Apple, Amazon und Facebook haben 2021 große Anstrengungen unternommen, sich im Podcast-Markt jeweils als größter Player zu etablieren. Apple gehört mit Spotify bereits zu den wichtigsten Podcast-Anbietern und hat sich inzwischen eine ideale Infrastruktur dafür aufgebaut. Andere große Unternehmen wollen nachziehen. Neben Facebook ist da sicherlich auch noch Google zu nennen.

Ich denke, wir sind uns einig, dass diese Unternehmen über eine Unmenge an Liquidität verfügen. Dazu kommt, dass sie in vergleichbaren Segmenten unterwegs sind und allesamt auch in der Lage sind, den Podcast-Markt in gewisser nachhaltiger Weise zu beeinflussen. Über die Reichweite wollen wir mal gar nicht reden. Wenn Apple zum Beispiel auf dem iPhone in Bezug auf Podcasts eine Neuerung im Betriebssystem umsetzt, werden sie Millionen Menschen von einem auf den anderen Moment in der Hosen- bzw. in der Handtasche haben.

Immer wieder gibt es Diskussionen, ob eine solche Marktmacht etwas Gutes oder Schlechtes ist. Ich glaube, dass wir uns diese Frage gar nicht stellen müssen, weil einfach zu viele solcher großen Unternehmen Interesse am Podcast-Markt haben. Ich glaube, dass es an der Vielfalt der Podcast-Anbieter, und damit meine ich jetzt die App-Anbieter, nicht scheitern wird. Wenn viele Unternehmen sich von den jeweils anderen unterscheiden wollen, müssen sie besonders in Sachen Innovation punkten. Bereits jetzt erkennt man schon den Innovationstrieb der Branche, wenn man die einschlägigen Nachrichten der Fachpresse verfolgt.

Newcomer mit unglaublichem Potenzial

Ich würde, ohne zu zweifeln unterschreiben, dass reine Audio-Podcasts derzeit das wohl aktuell angesagteste Medium der Welt sind, und zwar sowohl aus Perspektive der Verbraucher als auch aus der von investitionswilligen Unternehmen. Zu viel ist möglich. Der Werbemarkt ist hier noch nicht einmal ansatzweise erschlossen. Aus Amerika weiß man, welches Potenzial darin schlummert. Dazu kommt, dass in den letzten Jahren in der Medienbranche kaum vergleichbare überraschende Erfolgsgeschichten geschrieben wurden. Und Investoren stürzen sich auf aufstrebende Konzepte wie diese, da derzeit die Investitionsmöglichkeiten sowieso sehr begrenzt sind.

Das einzige Manko sind die noch fehlenden schlüssigen Business-Modelle. Allerdings denke ich, dass sich diese Probleme bald lösen werden. Aktuell ist es nicht so einfach, den Werbemarkt transparent darzustellen, weil es einfach zu viele Anbieter und zu viele beteiligte Player gibt. Und nicht zu vergessen: an der Quelle eines jeden Podcasts sitzt der Produzent oder die Produzentin.

Vermutlich wird sich jedoch ein ähnliches Modell wie bei You-Tube durchsetzen, wo eine gewisse Anzahl an Klicks zu automatisch generierter Werbung führt und die Anbieter der Videos eine gewisse Summe kassieren, mit der sie mehr oder weniger zufrieden sind. Das einzige Problem dabei: Bei Podcasts gibt es eben nicht nur eine überragende Plattform wie YouTube, die allen anderen die Show stiehlt. Hier tummeln sich viele Anbieter, die sich auf ein Bezahlmodell einigen müssten. Außerdem haben Amazon Audible und Spotify zum Beispiel schon einen anderen Weg eingeschlagen. Sie wollen lieber zahlende Abonnenten für exklusive Podcasts gewinnen, was ich für eine sehr geschickte Herangehensweise halte. So können die eigenen Produkte und Bezahlmodelle mit einer klaren Abgrenzung zu den anderen Anbietern am Markt positioniert werden.

Die vielen großen Podcast-willigen Unternehmen sind Fluch und Segen zugleich. Wir müssen sogar damit rechnen, dass noch weitere Anbieter in den Markt drängen. Die Hörer:innen könnten in Zukunft vom reichhaltigen Angebot und von den zahlreichen Anbietern überfordert sein und dem Kanal den Rücken kehren. Ich würde dennoch positiv bleiben wollen und behaupten, dass auch das Innovation bringen wird. Diejenigen, die als erste begreifen, welche Sorgen und Nöte bei den Verbraucher:innen herrschen, werden am Ende die erfolgreichsten sein.

Ein weiteres Problem ist sicher die oft eher mindere Qualität der Produktionen aus der ersten Zeit des Hypes. Die Anbieter von Podcast-Bibliotheken können darauf jedoch Einfluss nehmen, indem sie intern einen gewissen Qualitätsstandard festlegen, von dem die Urheber gar nichts wissen. Dann wird ein schlecht produzierter Podcast halt nicht auf der Startseite empfohlen, weil er entsprechend schlecht bewertet ist.

Im Dschungel der Möglichkeiten

Eine andere Baustelle sind die nutzerorientierten Empfehlungen, die derzeit noch in den Kinderschuhen stecken. Selbst Podcast-Fans haben keine Lust, ewig lange nach einem interessanten neuen Podcast für ihr aktuelles Bedürfnis zu suchen. Hier müssen qualitativ hochwertigere Ergebnisse her, die überzeugen. Außerdem scheint sich aktuell eine Art Empfehlungsmarketing durchzusetzen. Einen neuen Podcast beginnt man zu hören, weil ein Freund oder eine Freundin davon erzählt hat oder weil man ein Posting mit einem Hör-Tipp gesehen hat. Auch hier könnten die Anbieter noch viel mehr tun, um punktgenaue Empfehlungen für eingeloggte Nutzer:innen zu generieren. Hier sehe ich bei allen Anbietern deutliches Potenzial nach oben.

Ein weiteres wichtiges Entwicklungsfeld sind die Abspielmöglichkeiten. Nennen wir sie mal die Hardware. Hier kann ein Unternehmen mit einer guten Idee aufgrund des Modells des freien Podcast-Angebots sehr schnell zu einer großen Nummer werden – sei es durch Sprachsteuerung, sei es durch Virtual oder Augmented Reality. Schon jetzt wird immer wieder der Wunsch geäußert, einen Podcast in Zweitverwertung auch für das Auge sichtbar zu machen. Und wir alle wissen ja: Wo ein Wunsch ist, ist oft auch ein Weg! Doch auch in weniger Komplexem liegt viel Zukunftspotenzial. So bietet das Entertainment-System in den Autos dieser Welt ideale Möglichkeiten der Weiterentwicklung. Hier wird es meiner Meinung nach die ersten Podcast-Errungenschaften geben.

Warum die Nachfrage nicht das Angebot bestimmen sollte

Was passiert, wenn ein solcher Medien-Hype eine bisher doch recht konservative und komfortable Branche derart aufrüttelt? Meine Antwort auf diese Frage ist eher unbequem: Neben steigendem Innovationszeitdruck und zunehmender Affektbereitschaft wird es auf einmal auch sehr viele Anbieter geben, die sich angeblich sehr gut mit dem Thema auskennen. Diese Entwicklung sehe ich bereits jetzt in allen Bereichen. Aus der Branche weiß ich, dass es heute schon oftmals um das schnelle Geschäft, spätere sprudelnde Werbeeinnahmen oder die Nutzerdaten geht. Sowohl in der Podcast-Produktion als auch bei branchennahen Dienstleistern und auch bei den App-Anbietern selbst rückt meiner Meinung nach der Fokus auf die Nutzer:innen häufig immer mehr in den Hintergrund.

Zeitdruck und Innovationshektik münden in Qualitätsverlust

All dies führt dazu, dass nicht immer wirklich relevanter Content angeboten wird und dass der Markt mit schlechten Angeboten geflutet wird. Das zeigt auch das Beispiel des »Corporate Podcasts« für Unternehmen. In den letzten Monaten gab es Zeiten, in denen bei Eingabe dieses Begriffs die Suchmaschinen-Ergebnisse förmlich explodierten. Headlines wie »Dein Unternehmens-Podcast in 2 Tagen« oder »Vervielfache dein Geschäft mit Podcasts« kamen wie Unkraut aus dem Boden geschossen. Ist irgendwie auch logisch, denn viele Unternehmen verfügen über das Budget, kurzerhand einen Podcast umzusetzen. Aber zu welchem Zweck? Das fragt so gut wie niemand dieser Anbieter. Und so landet wieder ein überflüssiges Podcast-Angebot in einer Podcast-Bibliothek, deren Zielgruppe gegen null strebt. In solchen Konstellationen gibt es dann nur eines: Verlierer.

Nicht immer sollte also die Nachfrage das Angebot bestimmen. Ich weiß, Wirtschaftsexperten drehen mir gerade in Gedanken den Hals um. Was ich damit aber sagen will, ist, dass ich ein immer größer werdendes Angebot rund um Podcasts eher als problematisch ansehe. Wenn etwas unter Zeitdruck oder in einer Art Affekthandlung produziert wird, leidet sehr häufig die Qualität. Und das geht eindeutig zu Lasten der Hörer.

Mein Wunschzettel für die Zukunft des Podcasts

Das Leben ist kein Wunschkonzert, klar. Trotzdem wünsche ich mir, dass sich in Zukunft unterschiedliche Podcast-Plattformen durchsetzen werden: Die klassischen Anbieter, die ihren Fokus auf die Verbraucher richten. Vielleicht ein neuer großer Player, der eine Plattform für Unternehmens-Podcasts anbietet. Muss ein cool produzierter Podcast eines Großhändlers wirklich in das allgemeine Podcast-Angebot? Das möchte ich zumindest für die Zukunft infrage stellen. Gerade geht es sicherlich nicht anders, weil die Alternativen fehlen.

Eine andere wichtige Zukunftsfrage ist die der Qualitätssicherung. Es gibt da draußen sehr viele talentierte Podcaster:innen, die es geschafft haben, ohne wirkliche Ausbildung sehr hörenswerte und erfolgreiche Podcasts auf die Beine zu stellen. Das ist aber nicht die Regel. Aus meiner Radiovergangenheit weiß ich, dass es für die Radiosender schon damals sehr kompliziert war, gute Moderatoren-Teams zu finden. Und heute ist das noch um ein Vielfaches schwerer. Denn jetzt haben wir neben den vielen Radiosendern auch noch den wachsenden Podcast-Markt. Vielleicht habe ich etwas verpasst, aber: Woher sollen denn so schnell die ganzen ausgebildeten Talente herkommen, ohne dass es ein reichhaltiges Angebot an Fortbildungsmöglichkeiten gibt?

Auch hier erwarte ich negative Effekte auf das Angebot. In den aktuellen Charts der unterschiedlichen Anbieter finden sich mittlerweile regelmäßig Nachrichten-Formate. Dafür werden ausgebildete Journalist:innen gebraucht, die jedoch nicht in ausreichender Zahl zur Verfügung stehen. Dazu kommt, dass es auch in Bezug auf Nachrichten keine Qualitätskontrolle gibt. Jeder kann einen Nachrichten-Podcast veröffentlichen. Ohne journalistische Ausbildung halte ich das jedoch für äußerst gefährlich. Wir leben sowieso schon in einer Welt, in der es immer schwieriger wird, verlässliche Quellen zu recherchieren. Nicht zuletzt die Social-Media-Plattformen haben gezeigt, was man mit gesteuerten Nachrichten oder »Fake News« Schlimmes anstellen kann. Ich weiß nicht, wie es dir geht, aber ich hätte mir vor einigen Jahren nicht mal im Traum vorgestellt, dass solche Entwicklungen unsere Welt ins Schwanken bringen können.

Wenn Podcasts ein Kanal werden, den vor allem Jugendliche auch für ihre Allgemeinbildung nutzen, dann muss ein Kontrollgremium her. In einer Studie habe ich neulich gelesen, dass sich zwei Drittel der Jugendlichen zwischen 12 und 19 Jahren ihre politische Bildung über YouTube holen. Auf Platz Nr. 1 waren Suchmaschinen. Für die Zukunft könnte ich mir vorstellen, dass auch hier Podcasts mehr und mehr an Bedeutung gewinnen werden. Fangen wir also schleunigst damit an sicherzustellen, dass das Angebot dort qualitativ hochwertig ist.

Hier gibt es passend zum Thema eine Hörprobe mit dem Titel »Podcast in der Zukunft«:

Woran sich Hörer:innen orientieren werden

Für mich steht fest, dass in Zukunft Medien noch individueller und auf jeden Fall hauptsächlich auf Abruf konsumiert werden. Dazu kommt eine gewisse Polarisierung zwischen denen, die

Informationen und Unterhaltung gerne in möglichst kurzer Zeit und komprimiert konsumieren wollen, und denen, die ausführliche Inhalte bevorzugen und sich dafür auch gerne Zeit nehmen. Der Audio-Podcast gehört sicher in die zweite Kategorie, wobei einzelne Formate vor allem im Nachrichten-Segment bereits jetzt schon durchaus kurz und knackig produziert werden. Man wird sich als Anbieter vermutlich in Zukunft auf diese beiden Bereiche fokussieren und auf Variationen dazwischen verzichten.

Ein reines Audio-Medium bietet viele Vorteile in zahlreichen Alltagssituationen. Aus diesem Grund ist es, für viele überraschend, inzwischen fester Bestandteil in der Medienpalette der Menschen geworden. Auch diejenigen, die sich damit bisher nicht beschäftigt haben, werden bald nicht mehr darum herum kommen. Es wird einfach zu viele Angebote geben, als dass man sie dauerhaft ignorieren könnte. Selbst der konservativste Mediennutzer wird also irgendwann die kostenlose Bibliothek testen, von der alle so begeistert sind.

Apple und Spotify werden das Maß aller Dinge bleiben

Für mich ist es sehr wahrscheinlich, dass Apple und Spotify die beiden dominierenden Podcast-Unternehmen bleiben. Jedenfalls so lange, bis mal einer daherkommt und den Markt mit einer Neuheit völlig auf den Kopf stellt.

Ich glaube auch an eine natürliche Bereinigung des Angebots. Entweder wird dies über die Podcatcher selbst geschehen, sodass die Podcast-Bibliotheken einmal komplett von qualitativ nicht akzeptablen Podcasts befreit werden. Oder mit der Zeit werden diejenigen aufgeben, die merken, dass sich der Erfolg nicht einstellt.

Mehr Qualität

Aus Sicht der Nutzer:innen ist diese Bereinigung ein Vorteil: Die Qualität der Podcasts steigt. Und Bereinigung ist nicht gleichbedeutend mit einer Verknappung des Angebots. Es wird für jeden etwas dabei sein, sodass auch Menschen mit Nischeninteressen fündig werden. Allerdings wird sich die Zahl der thematisch miteinander konkurrierenden Angebote reduzieren. Aus den analogen Medien wissen wir, dass Märkte auch mal übersättigt sein können. Was würdest du sagen, wenn es auf einmal auf einem anderen TV-Kanal exakt die gleiche Show wie »Wer wird Millionär?« geben würde? Ich denke, dass die Podcast-App-Anbieter ein Interesse daran haben werden, die Angebotspalette übersichtlich und sortiert zu halten. Dann braucht es zum Beispiel keine fünf Podcasts zu einer Nischensportart.

Die Ansprüche der User steigen

Fans werden zunehmend großen Wert auf möglichst einfache Bedienbarkeit legen. Bei der Podcast-Recherche ist Geduld schon lange keine Tugend mehr. Und bereits jetzt verzeihen User komplizierte Abläufe in einer neuen App in der Regel nicht. Alles sollte selbsterklärend sein. Und es gibt heute schon viele Anbieter, die versuchen, bereits bei der Installation der App die Interessen der Nutzer:innen mittels Fragenkatalog zu antizipieren, um passendere Podcast-Vorschläge unterbreiten zu können.

Eine Frage des Geldes?

Wie schnell ehemals angesagte Apps aus der Mode kommen können, wissen wir alle. Diese Geschwindigkeit nimmt höchstwahrscheinlich immer mehr zu, auch bei den Podcast-Apps. Das hängt sicherlich unter anderem davon ab, ob Podcasts hinter eine Bezahlschranke gestellt werden und ein Abonnement zum Anhören benötigt wird. In Deutschland haben wir ein großes Problem damit, zu akzeptieren, dass vormals kostenlose Inhalte plötzlich Geld kosten. Auch wenn dieser Widerstand allmählich bröckelt, wie sich an Erfolgsgeschichten wie Netflix oder Disney+ zeigt. Auch Spotify erlangt mehr und mehr zahlende Kunden mit dem Exklusivangebot von Podcasts.

Wie gerne würde ich zehn Jahre in die Zukunft reisen, um zu sehen wie sich der Radio- und Podcast-Markt bis dahin entwickelt und wie viele Nutzer:innen es dann wirklich gibt! Um Podcasts zu entdecken, die wir alle uns heute vermutlich nicht mal ansatzweise vorstellen können. Vielleicht begegnet mir dann ja auch dein Podcast? Ich bin gespannt ...

Kleines Podcast-Lexikon

Authentizität – Gewünschte Natürlichkeit bei der Präsentation

Athmo – Unbestimmte Hintergrundgeräusche bei Tonaufnahmen

Audio – Gesprochenes Wort ohne Visualisierung

Branded – Ein gesponserter Podcast

Blogcast – Kombination aus Blog und Podcast. Ein Blogcast basiert auf einem Textbeitrag und gibt diesen eins zu eins im Audioformat wieder.

Breaks – Kleine Unterbrechungen zum Teil in Form von atmosphärischen Geräuschen oder → Drops

Crossmedia – Eine crossmediale Kampagne, kurz: Crossmedia, bezeichnet im Rahmen einer Kommunikationsmaßnahme die gezielte Ansprache über mehrere Medienkanäle. Das Ziel von Crossmedia sind höhere Werbewirkungseffekte.

Cast – Ein Synonym für eine → Episode.

Drop – Musik oder Rhythmus, der eine Pause einläutet oder zu einem neuen Themenabschnitt einleitet.

Distribution/Publishing – Veröffentlichung des Podcasts über Plattformen wie Spotify, Deezer, Apple Podcasts, Audio Now, Google Podcast, Amazon Music etc.

Episode – Einzelne Folge eines Podcast. Über die Länge einer jeweiligen Episode entscheidet der Podcaster selbst. Die optimale Länge einer Podcast-Folge ohne Gast liegt bei circa 20 bis 30 Minuten. Inzwischen werden Podcast-Episoden in einzelnen Staffeln produziert.

Fade – Das Einblenden und Ausblenden beim Audio-Schnitt.

Host – Person, die die Podcast-Folge aufnimmt und spricht. Häufig produzieren zwei Personen die Episoden als Moderationsteam.

Hosting – Um einen erfolgreichen Podcast zu betreiben, braucht man ein gutes Podcast-Hosting. Von dort aus wird der Podcast an Apple, Spotify und Co. über einen → RSS-Feed verteilt.

Intro – Läutet den Anfang einer jeden Episode ein. Meist als Melodie oder gesprochener Einleitungssatz auf entsprechender Melodie.

Jingle – Kurze prägnante Tonreihenfolge als Erkennungszeichen.

Native Ads/Infomercials – Werbung, die von den Hosts der Podcasts am Anfang (Pre-Ad), in der Mitte oder am Ende (Post-Ad) individuell eingesprochen wird. Sie sollte glaubwürdig, informativ und sachlich sein.

On Demand – Ins Deutsche übersetzt: »auf Abruf« oder »auf Bestellung«. Bezeichnet die Möglichkeit, zum Beispiel Audiodateien jederzeit und ortsunabhängig, auch mobil, abzurufen.

Outro – Läutet das Ende einer jeden Episode ein. Als Melodie oder gesprochener Schlusssatz auf entsprechender Melodie.

Podcast – Leitet sich vom ursprünglichen Wort »iPod« von Apple (tragbarer MP3-Spieler) und dem englischen Verb »broadcast« (= senden/verbreiten) ab.

Productplacement – Werbemaßnahme, bei der das jeweilige Produkt beiläufig, aber erkennbar genannt wird.

Podcatcher – Eine App, mit der man einen Podcast abonnieren kann, um ihn hören zu können. Gängige Podcatcher sind heute zum Beispiel Apple Podcasts, Spotify, Deezer, Amazon Music.

Postproduktion – Nachträgliche Bearbeitung einer Audio-Datei nach der Aufnahme, um sie zu optimieren.

RSS-Feed – Die Abkürzung RSS steht für »Really Simple Syndication«, was im Deutschen etwa »wirklich einfache Verbreitung« bedeutet. Bei einem RSS-Feed handelt es sich um eine moderne Technologie im Web, die es erlaubt, eine bestimmte Webseite zu »abonnieren«. Durch ein solches Abonnement wird man automatisch informiert, wenn die Inhalte dieser Webseite aktualisiert werden.

Shownotes – Erweiterte Informationen, die neben den eigentlichen Beschreibungstexten als Ergänzung fungieren. In den Episoden-Shownotes wird der Inhalt einer Episode ausführlich dokumentiert. Viele Podcaster verlinken hier zum Beispiel zusätzlich externe Webseiten, die in der Episode angesprochen werden. Die Shownotes werden in den meisten Podcast-Clients als erweiterte Beschreibung einer Episode angezeigt.

Triggerwarnung – Warnung vor möglichen Auslösereizen, damit User sich besser vor belastenden Inhalten schützen können. Eine typische Triggerwarnung ist die Kennzeichnung von Inhalten als »anstößig« oder als »provozierend«.

Zitierte Quellen

(1) https://de.statista.com/infografik/23568/audible-hoerkompass-2020/

(2) https://www.wuv.de/podcast/youtube_ist_der_beliebteste_podcast_kanal

(3) www.horizont.net/medien/nachrichten/gehoerte-freiheit-warum-menschen-podcasts-hoeren---und-in-welcher-verfassung-183151

(4) https://de.statista.com/statistik/daten/studie/1054118/umfrage/gruende-der-nutzung-von-podcasts-in-deutschland/

(5) https://bvdw.org/fileadmin/user_upload/BVDW_Podcast-Audio_Trend_2020_im_UEberblick.pdf

(6) https://de.statista.com/statistik/daten/studie/12108/umfrage/top-unternehmen-der-welt-nach-marktwert/

Stichwortverzeichnis

Impressum

Bibliografische Information der Deutschen Nationalbibliothek
Die Deutsche Nationalbibliothek verzeichnet diese Publikation in der Deutschen Nationalbibliografie; detaillierte bibliografische Daten sind im Internet über http://www.dnb.dnb.de abrufbar.

Print:	ISBN: 978-3-648-15942-2	Bestell-Nr.: 10831-0001
ePub:	ISBN: 978-3-648-15943-9	Bestell-Nr.: 10831-0100
ePDF:	ISBN: 978-3-648-15944-6	Bestell-Nr.: 10831-0150

Dirk Hildebrand
Podcasts – Konzipieren, produzieren und vermarkten
1. Auflage 2022

© 2022, Haufe-Lexware GmbH & Co. KG, Munzinger Straße 9, 79111 Freiburg
Redaktionsanschrift: Fraunhoferstraße 5, 82152 Planegg/München
Internet: www.haufe.de
E-Mail: online@haufe.de
Redaktion: Jürgen Fischer

Lektorat: Nicole Jähnichen, München
Bildnachweis (Cover): Alex from the Rock, Adobe Stock

Der Autor

Dirk Hildebrand

ist Audioprofi, Journalist und Dipl. Medienwissenschaftler. Er ist der Gründer und Redaktionsleiter von »radioEXPERTEN« – eine der erfolgreichsten Radioplattformen in Deutschland, Österreich und der Schweiz – sowie dem Podcast-Dienstleister »audioEXPERTEN«. Mit seiner Agentur »Podiversity« bietet er außerdem seit 2020 Fortbildungen für Podcaster in Form von Webinaren, Coachings und Events. Seine jüngste Unternehmensgründung setzte Dirk Hildebrand 2021 mit der ersten rein lokalen Podcast-App namens »LOPODIO« um. Gefördert von der Landes-Medienanstalt NRW befindet sich dieses jüngste Projekt auf stetigem Expansionskurs. Neben der persönlichen Podcast-Betreuung von großen Konzernen, Verbänden und mittelständischen Unternehmen ist er deutschlandweit als Redner und Berater unterwegs. Mit seiner Frau und seinen zwei Kindern lebt Dirk Hildebrand samt Australian Shepherd »Monty« wieder in seinem Geburtsort in der Gemeinde Ense im Kreis Soest. Hier hat er einige Jahre für die lokale Radiostation gearbeitet, bevor er sich 2012 in der Medienbranche selbstständig machte.

Mehr über den Autor erfährst du hier:

https://www.audioexperten.info/dirk-hildebrand-podcast-berater/